高等职业教育设计专业教材

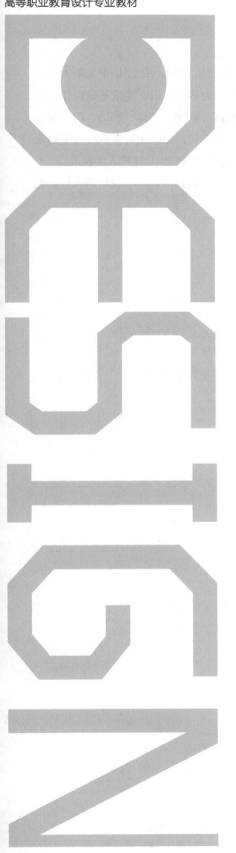

BIM
建模与设计
BIM MODELING AND DESIGN

主　编　胡小玲　郭　杨　陈　萍

副主编　张　黎　黄羹墙　武焕焕　胡瑛莉　刘继焜

参　编　陆世岩　莫敏华　农　漪　胡　标　吕龙波
　　　　　邓雅晴　容　晓　买海峰　罗金梅　高欣怡
　　　　　伍江华　梁　桃　龙　芳　李　莉　许业进

U0255335

湖南大学出版社·长沙

内 容 简 介

本书详细讲解了BIM基础软件之一——Revit软件的入门及高级技能，以Revit 2016中文版为操作平台，结合实际工程案例，全面介绍建模设计的方法和技巧。全书分为基础知识、建筑基础构建、综合案例、族四大部分，共十三章，主要包括Revit软件基本操作和标高、轴网、墙体、幕墙、门、窗、柱、梁、楼板、天花板、屋顶、楼梯、扶手、坡道、散水、场地等的绘制，并以建筑模型综合案例来巩固基础知识，覆盖了使用Revit进行建筑模型设计的全过程，为培养高质量的BIM建模人才做准备。

本书内容结构严谨，分析阐述透彻，全程实例讲解，针对性极强，既可作为Revit的培训教材，也可作为Revit制图人员的实用性参考资料。

图书在版编目（CIP）数据

BIM建模与设计 / 胡小玲，郭杨，陈萍主编.—长沙：湖南大学出版社，2020.2（2022.1重印）

（高等职业教育设计专业教材）

ISBN 978-7-5667-1903-4

Ⅰ.①B⋯ Ⅱ.①胡⋯ ②郭⋯ ③陈⋯ Ⅲ.①建筑设计—计算机辅助设计—应用软件—高等职业教育—教材 Ⅳ.①TU201.4

中国版本图书馆CIP数据核字（2020）第003631号

BIM 建模与设计
BIM JIANMO YU SHEJI

主　　编：胡小玲　郭　杨　陈　萍	
责任编辑：贾志萍	责任校对：尚楠欣
印　　装：长沙市雅捷印务有限公司	
开　　本：787 mm × 1092 mm　1/16	印　　张：11　　字　　数：281千字
版　　次：2020年2月第1版	印　　次：2022年1月第2次印刷
书　　号：ISBN 978-7-5667-1903-4	
定　　价：39.80元	

出 版 人：李文邦

出版发行：湖南大学出版社

社　　址：湖南·长沙·岳麓山　　　　　　邮　　编：410082

电　　话：0731-88822559（营销部）　　88821174（编辑部）　　88821006（出版部）

传　　真：0731-88822264（总编室）

网　　址：http://www.hnupress.com

作者简介

胡小玲

副教授，工程硕士，广西电力职业技术学院建筑装饰工程技术专业带头人，主要讲授"BIM建筑设计""图形图像处理""装饰构造与施工技术""建筑工程CAD""小场景设计"等课程。多次参加广西职业院校信息化教学大赛，获一、二、三等奖多项；参加第四届"科创杯"中国BIM比赛，获最佳BIM院校实践奖一等奖；指导的学生在"广西职业院校技能大赛""广西大学生BIM应用技能大赛""全国三维数字化创新设计大赛""中国'互联网+'大学生创新创业大赛广西赛区选拔赛"等比赛中屡屡获奖，并且每年都有新突破。主持和参与多项自治区级课题，发表论文十多篇，主编教材《建筑制图与CAD》《3ds Max基础与实例教程》，参编教材《室内装饰材料与施工工艺》。2018年获学院"十佳教师"及"优秀教师"称号。

郭　杨

讲师，工学硕士，国家注册二级建造师、双师型教师、广西E类高层次人才。现为南宁职业技术学院教师，主要教学与研究方向为建筑、结构识图、BIM模型应用、结构设计等。竞赛获奖情况：广西大学生结构设计竞赛优秀指导教师（一等奖、二等奖）；全国高职院校"鲁班杯"建筑工程识图技能竞赛优秀指导教师（个人一等奖、团体一等奖）；广西大学生BIM应用技能大赛优秀指导教师（综合赛项三等奖）；教师教学技能大赛自治区三等奖、学院一等奖。参与完成《建筑识图与建筑CAD》《建筑识图习题册》《建筑CAD》等教材编写，主持完成《道路工程施工》《建筑制图与 CAD 绘图》《平法钢筋翻样与下料》等课程标准与实训指导书的编写，主持和参与国家级、自治区级、学院级等科研教改项目十余项，发表论文十余篇。

陈　萍

讲师，土木工程专业（工业与民用建筑方向）硕士，计算机辅助设计高级应用工程师，中级预算员，国家注册二级建造师。现为广西电力职业技术学院建筑工程系教师，主要讲授"建筑工程CAD""BIM应用基础""建筑构造与识图""建筑线路测量"等课程。2018年获广西职业院校信息化教学大赛二等奖；指导的学生在广西大学生BIM应用技能大赛中多次获奖。

总　序

随着生活水平的逐步提高，人们对居住环境的质量和形式要求也越来越多元化，培养适应多元化要求的室内设计专业人才，成为高等职业院校室内设计专业发展的首要目标。本系列教材是以首批国家示范性高等职业院校之一——南宁职业技术学院重点建设的室内设计技术专业建设成果为基础，由广西、湖南等地实力雄厚的国家示范性高职院校、国家骨干高职院校，组织室内设计专业带头人、骨干教师、企业资深设计师共同编写的，是具有校企合作、工学结合等特色的高职室内设计专业课程系列教材。

本系列教材的编写根据国内外室内设计专业教育的发展趋势，在教育理念、培养目标、培养模式、课程体系、教学方法、教学手段等方面进行了改革和创新。专业顶层设计的基础是课程改革和创新，课程是培养优秀专业人才的主要载体，而配套的课程教材则是课程教学的核心，是实现"教与学"以及学生自主学习的重要工具。

本系列教材具有以下两个特点。

一、体现"三新"理念

理念新。教材在编写上体现了工学结合、校企合作特色，在教学内容中融入国家标准和职业规范，兼顾基础知识及实践技能的运用。

体例新。教材编写以岗位能力实训为本位，以项目实践为主线，注重培养学生的设计思维与创新理念。在总结国家示范性、国家骨干高职院校专业建设、课程改革经验的基础上，确定编写体例、内容定位并遴选作者。教材注重解决两类使用者的需求——教师"怎样教"和学生"如何学"的问题。

内容新。教材注重知识点与工程项目案例实践过程相结合，既有高职教育的理论深度，又有相关职业特点。教材在案例导学上遵循学生认知规律，实践项目从小到大、从简到繁，做到国内与国外、现代与传统、大师作品与学生作业、企业典型工程项目案例与个人优秀作品比较和相互借鉴。

二、注重"四结合"

教材内容与岗位特性相结合。各课程教材的知识点以职业岗位特性为基础，将岗位职业能力需求融入各知识点中，通过项目案例、作业实训等多种途径来锤炼学生的职业岗位能力。

教材内容与工程项目相结合。本系列教材以企业实际工程项目为案例，深入浅出地将知识点分解、提炼和输出，便于学生理解和吸收。

　　教材内容与民族地域相结合。本系列教材将民族地域特色和设计元素的融合作为知识点，充分体现了民族特色与现代元素的完美结合。

　　教材内容与大师作品相结合。本系列教材引入国内外设计大师作品，分析其独特之处，并与不同的知识点对应，强化学生的设计能力和创新能力。

　　总之，本系列教材既具有理论深度，又具有较强的实践性，能够使学生在实际操作中举一反三、触类旁通，增强学生学习的积极性和主动性，为其职业生涯发展奠定专业基础。

　　经过几年的艰苦努力，本系列教材终于与广大读者见面了。在此，要特别感谢湖南大学出版社为本系列教材的出版所做的贡献。由于编者水平有限，书中难免有疏漏之处，希望老师、同学、设计师和企业界读者指正。

袁志波

国家级教学名师　　二级教授

目　录

1

项目一　BIM基本知识

知识目标

①了解 BIM 的基本概念、特点及其发展现状。

②了解常用的 BIM 软件，了解 Revit 软件与 BIM 的关系。

能力目标

①了解 BIM 的基本概念及其发展现状。

②对各类 BIM 软件有基本认知，Revit 是其中一种基础建模软件。

项目情景

近年来，BIM（building information modeling，建筑信息模型）技术得到了国内建筑领域及业界各阶层的广泛关注和支持，它的出现和应用将为建筑业的发展带来革命性的变化。BIM 技术的应用涉及工程建设的设计、施工、运营、维护等各个阶段，将大大提高建筑业的生产效率，提升建筑工程的集成化程度，降低成本，给工程建设行业的发展带来巨大效益。BIM 需要使用不同的软件来实现不同的应用，Revit 是一套构建 BIM 的基础软件，是我国建筑业 BIM 体系中使用范围很广的软件之一。

任务一　BIM 的概念及特点

1. BIM 的概念及特点

（1）BIM 的概念

建筑信息模型（BIM）是指以建筑工程项目的各项相关信息数据作为基础，建立起三维的建筑模型，通过数字信息仿真模拟建筑物所具有的真实信息。这些信息包括三维几何形状信息和非几何形状信息（如建筑构件的材料、重量、价格、进度和施工等），为设计师、建筑师、水电暖通工程师、开发商乃至最终用户等各环节人员提供"模拟和分析"服务。它具有可视化、协调性、模拟性、优化性、可出图性、一体化、参数化和信息完备性八大特点，从 BIM 设计过程的资源、行为、交付三个基本维度，给出设计企业、施工企业实施标准的具体方法和实践内容。

BIM 不是简单地将数字信息进行集成，而是一种数字信息的应用，是可以用于设计、建造、管理的一种数字化方法。这种方法支持建筑工程的集成管理环境，可以显著提高建筑工程整个进程的效率，大幅度降低风险。

（2）BIM 的特点

真正的 BIM 具有以下八个特点。

①可视化。

可视化即"所见即所得"的形式，对于建筑行业来说，可视化的作用是非常大的。例如，建筑从业人员通常拿到的施工图，上面只有采用线条绘制的各个构件的信息，其真正的构造形式就需要他们去自行想象了。BIM 提供了可视化的思路，将以往线条式的构件生成一种三维实物图形展现在人们的面前。再如，以

往建筑行业也会出设计效果图，但这种效果图是分包给专业的效果图制作团队以线条式信息方式制作出来的，并不是通过构件的信息自动生成的，缺少了与构件之间的互动和反馈。而 BIM 提到的可视化是一种能够与构件之间形成互动和反馈的可视化，在 BIM 中，整个过程都是可视化的，所以可视化的结构不仅可以用来展示效果图及生成报表，更重要的是，项目设计、建造、运营过程中的沟通、讨论、决策都能在可视化的状态下进行。

②协调性。

协调是建筑行业中的重点工作，不管是施工单位还是业主和设计单位，无不在做着协调及相互配合的工作。一旦项目的实施过程中遇到了问题，各方有关人士就要组织起来开协调会，找出问题产生的原因及解决方法，然后采取相应的补救措施等进行问题的解决。往往由于各专业人员之间的沟通不到位，设计过程中会出现各种专业之间的碰撞问题。例如，由于施工图是分专业绘制的，在真正施工过程中，施工人员可能在布置暖通等专业的管线时正好遇到该处有结构设计的梁等构件，妨碍了管线的布置，这就是施工中常遇到的碰撞问题。而 BIM 的协调性服务就可以帮助处理这种问题，也就是说，BIM 可以在建筑物建造前期对各专业的碰撞问题进行协调，生成协调数据。当然，BIM 的协调性服务并不只用于解决各专业之间的碰撞问题，它还可以用来解决其他问题，如电梯井布置与其他设计布置及净空要求之间的协调、防火分区与其他设计布置之间的协调、地下排水布置与其他设计布置之间的协

调等。

③模拟性。

BIM 不仅可以用来模拟建筑物模型，还可以用来模拟不能在真实世界中操作的事物。在设计阶段，BIM 可以用来对设计上需要模拟的一些东西进行模拟实验，如节能模拟、紧急疏散模拟、日照模拟等。在招投标和施工阶段，BIM 可以用来进行 4D 模拟（3D 模型加项目的发展时间），也就是根据施工的组织设计模拟实际施工，从而确定合理的施工方案来指导施工；同时，BIM 还可以用来进行 5D 模拟（基于 3D 模型的造价控制），从而实现成本控制。在后期运营阶段，BIM 可以用来模拟日常紧急情况的处理方式，如地震人员逃生模拟、消防人员疏散模拟等。

④优化性。

事实上，整个设计、施工、运营的过程就是一个不断优化的过程。当然，优化和 BIM 之间不存在实质性的必然联系，但在 BIM 的基础上，人们可以做更好的优化。优化受三样东西的制约：信息、复杂程度和时间。没有准确的信息，就做不出合理的优化结果。BIM 提供了建筑物实际存在的信息，包括几何信息、物理信息、规则信息等，还提供了建筑物变化以后的实际存在信息。

基于 BIM 的优化可以做下面的工作。

a. 项目方案优化：把项目设计和投资回报分析结合起来，设计变化对投资回报的影响可以实时计算出来。这样，业主对设计方案的选择就不会主要停留在对形状的评价上，而更多地知道哪种项目设计方案更有利于自身的需求。

b. 特殊项目的设计优化：例如裙楼、幕墙、屋顶等空间都存在异形设计，这些内容看起来占整个建筑的比例不大，但是占投资和工作量的比例往往很大，而且通常是施工难度比较大和施工问题比较多的地方，对这些内容的设计施工方案进行优化，可以显著缩短工期和

优化造价。

⑤可出图性。

BIM 并不是用来为建筑设计院输出建筑设计图及一些构件加工图纸的，而是通过对建筑物进行可视化展示、协调、模拟、优化以后，帮助业主输出如下内容的。

a. 综合管线图（经过碰撞检查和设计修改，消除了相应错误以后）。

b. 综合结构留洞图（预埋套管图）。

c. 碰撞检查侦错报告和建议改进方案。

⑥一体化。

BIM 技术可用来进行从设计到施工再到运营，即贯穿工程项目全生命周期的一体化管理。BIM 的技术核心是一个由计算机三维模型所形成的数据库，不仅包含了建筑的设计信息，而且可以容纳从设计到建成使用，甚至是使用周期终结的全过程信息。

⑦参数化。

参数化建模指的是通过参数而不是数字建立和分析模型，人们简单地改变模型中的参数值就能建立并分析新的模型。BIM 中的图元以构件的形式出现，这些构件之间的不同，是通过参数的调整反映出来的，参数保持了图元作为数字化建筑构件的所有信息。

⑧信息完备性。

信息完备性体现在 BIM 技术可用来对工程对象进行 3D 几何信息和拓扑关系的描述以及完整的工程信息描述上。

2. BIM 的应用

BIM 发展至今，其应用也渗透到了项目的各个阶段。

从项目的阶段性分析来看，其具体的应用有以下几点。

①项目概念阶段：项目选址模拟分析、可视化展示等。

②勘察测绘阶段：地形测绘与可视化模

拟、地质参数化分析与方案设计等。

③项目设计阶段：参数化设计、日照能耗分析、交通线路规划、管线优化、结构分析、风向分析、环境分析等。

④招标投标阶段：造价分析、绿色节能分析、方案展示、漫游模拟等。

⑤施工建设阶段：施工模拟、方案优化、施工安全管理、进度控制、实时反馈、工程自动化、供应链管理、场地布局规划、建筑垃圾处理等。

⑥项目运营阶段：智能建筑设施、大数据分析、物流管理、智慧城市、云平台存储等。

⑦项目维护阶段：3D点云、维修检测、清理修整、火灾逃生模拟等。

⑧项目更新阶段：方案优化、结构分析、成品展示等。

⑨项目拆除阶段：爆破模拟、废弃物处理、环境绿化等。

另外从工程的质量、进度、成本三方面来说，BIM主要应用在以下几个方面。

①建设工程质量管理。

a.BIM是建筑设计人员提高设计质量的有效手段。目前，建筑设计专业分工比较细致，建筑物的设计需要由建筑、结构、安装等各个专业的工程师协同完成。由于各个工程师对建筑物的理解有偏差，专业设计图之间"打架"的现象很难避免。将BIM应用到建筑设计中，计算机将承担起各专业设计间的"协调综合"工作，设计工作中的错漏碰缺问题可以得到有效控制。

b.BIM是业主理解工程质量的有效手段。业主是高质量工程的最大受益者，也是工程质量的主要决策人。但是，受专业知识局限，业主同设计人员、监理人员、承包商之间的交流存在一定困难。当业主对工程质量要求不明确时，工程变更增多，质量难以得到有效控制。BIM为业主提供形象的三维设计方案，业主可

以更明确地表达自己对工程质量的要求，如建筑物的色泽、材料、设备要求等，从而有利于各方开展质量控制工作。

c.BIM是项目管理人员控制工程质量的有效手段。由于采用BIM设计的图纸是数字化的，计算机可以在检索、判别、数据整理等方面发挥优势。无论是监理工程师还是承包商的项目管理人员，都不必拿着厚厚的图纸反复核对，只需要通过一些简单的功能就可以快速、准确地得到建筑物构件的特征信息，如钢筋的布置、设备预留孔洞的位置、构件尺寸等，在现场及时下达指令。而且，将建筑物从平面变为立体，是一个资源耗费的过程。利用BIM和施工方案进行虚拟环境数据集成，对项目的可建设性进行仿真实验，可在事前发现质量问题。

②建设工程进度管理。

有时，人们将基于BIM的设计称为4D设计，增加的一维信息就是进度信息。从目前看，BIM技术在工程进度管理上有三方面应用。

a.可视化的工程进度安排。建设工程进度控制的核心技术，是网络计划技术。目前，该技术在我国使用效果并不理想。究其原因，可能与平面网络计划不够直观有关。在这一方面BIM有优势，通过与网络计划技术的集成，BIM可以按月、周、天直观地显示工程进度计划。一方面，这样便于工程管理人员进行不同施工方案的比较，选择符合进度要求的施工方案；另一方面，这样也便于工程管理人员发现工程计划进度和实际进度的偏差，及时进行调整。

b.对工程建设过程的模拟。工程建设是一个多工序搭接、多单位参与的过程。工程进度计划是由各个子计划搭接而成的。在传统的进度控制技术中，各子计划间的逻辑顺序需要人来确定，难免出现错误，造成进度拖延。而通过BIM技术，用计算机模拟工程建设过程，项目管理人员更容易发现在二维网络计划技术中

难以发现的工序间的逻辑错误，从而优化进度计划。

c.对工程材料和设备供应过程的优化。当前，项目建设过程越来越复杂，参与单位越来越多，在保证工程建设进度需要的前提下，如何安排设备、材料供应，节约运输和仓储成本，正是"精益建设"的重要问题。BIM为"精益建设"思想提供了技术手段。通过计算机的资源计算、资源优化和信息共享功能，人们可以达到节约采购成本、提高供应效率和保证工程进度的目的。

③建设工程投资（成本）管理。

BIM比较成熟的应用领域是投资（成本）管理，也被称为5D技术。其实，在CAD平台上，我国的一些建设管理软件公司，已经对这一技术进行了深入的研发。在BIM平台上，预计这一技术可以得到更大的发展空间。

a.BIM使工程量计算变得更加容易。在用CAD绘制的设计图中，用计算机自动计算和统计工程量必须履行这样一个程序：由预算人员告诉计算机它存储的那些线条的属性，如是梁、板或柱，这种"三维算量技术"是半自动化的。而在BIM平台上，设计图的元素不再是线条，而是带有属性的构件。

b.BIM使投资（成本）控制更易于落实。对业主而言，投资控制的重点在设计阶段。运用BIM技术，业主可以便捷、准确地得到不同建设方案的投资估算或概算，比较不同方案的技术经济指标。而且，由于项目投资估算、概算比较准确，业主可以降低不可预见费用比率，提高资金使用效率。同样，由于BIM可以较准确、快捷地计算出建设工程量数据，承包商依此进行材料采购和人力资源安排，也可节约一定成本。

c.BIM有利于加快工程结算进程。一方面，BIM有助于提高设计图质量，减少施工阶段的工程变更；另一方面，如果业主和承包商达成协议，基于同一BIM进行工程结算，结算数据的争议会大幅度减少。

3.BIM在国内外的发展现状

（1）BIM在国外的发展现状

BIM技术从概念的提出到发展，再到工程建设行业的普遍认知，经历了几十年的时间，如今BIM技术在美国、英国、新加坡等国家已经得到了快速的发展。

美国是较早启动建筑业信息化研究的国家，发展至今，其BIM研究与应用都走在世界前列。目前，美国很多建筑项目已经开始应用BIM，其应用点也种类繁多，各类BIM协会出台了多种BIM标准。美国总务署（General Services Administration，GSA）负责美国所有联邦设施的建造和运营，在2003年，为了提高建筑领域的生产效率，提升建筑业信息化水平，其下属的公共建筑服务（Public Building Service）部门的首席设计师办公室（Office of the Chief Architect，OCA）推出了全国3D-4D-BIM计划。3D-4D-BIM计划的目标是为所有对3D-4D-BIM技术感兴趣的项目团队提供"一站式"服务，虽然每个项目功能、特点各异，但OCA为每个项目团队提供独特的战略建议与技术支持，目前OCA已经协助和支持超过100个建设项目。从2007年起，GSA要求所有大型项目（招标级别）都应用BIM，其最低要求是空间规划验证和最终概念展示都需要提交BIM。GSA鼓励所有项目采用3D-4D-BIM技术，并且根据采用这些技术的项目承包商应用程度的不同，给予不同程度的资金支持。

Building SMART联盟（Building SMART Alliance，BSA）是美国建筑科学研究院（National Institute of Building Sciences，NIBS）在信息资源和技术领域的一个专业委

员会，成立于 2007 年。BSA 致力于 BIM 的推广与研究，BSA 下属的美国国家 BIM 标准项目委员会（National Building Information Model Standard Project Committee-United States，NBIMS-US）专门负责美国国家 BIM 标准（National Building Information Model Standard，NBIMS）的研究与制定。NBIMS-US 于 2007 年 12 月发布了 NBIMS 第一版的第一部分，2012 年发布了 NBIMS 第二版的内容，2015 年发布了 NBIMS 第三版的内容。

英国是目前 BIM 应用增长速度较快的国家之一。2011 年 5 月，英国内阁办公室发布了《政府建设战略》（Government Construction Strategy）文件，对 BIM 技术应用提出明确要求，到 2016 年，政府要求全面协同 3D-BIM，并将全部文件信息化管理。

英国政府明确发文，要求建筑行业的施工管理必须使用 BIM 技术，该强制性要求也得到了英国建筑业 BIM 标准委员会［AEC（UK）BIM Standard Committee］的大力支持。BIM 标准委员会的成员均为英国经常使用 BIM 技术的建筑行业从业者，他们自行编写 BIM 标准，所以，制定的标准不只停留在理论知识上，更多的是能直接运用到建筑行业的日常工作中。

新加坡是 BIM 技术开展较早的国家之一。新加坡负责建筑业管理的国家机构是建筑管理署（Building and Construction Authority，BCA）。在"BIM"这一术语引进之前，新加坡当局就注意到了信息技术对建筑业的重要作用。BCA 于 2010 年设立了一个 600 万新币的 BIM 基金项目，鼓励新加坡的大学开设 BIM 课程，为学生组织密集的 BIM 课程培训，为行业专业人士设立了 BIM 专业学位。2011 年，BCA 发布了《BIM 发展路线规划》（BCA's Building Information Modeling Roadmap），促进了该国整个建筑业的 BIM 技术推广应用。

（2）BIM 在我国的发展现状

目前我国建筑业正处在向现代化、信息化、工业化不断转型升级的关键时期，BIM 成为我国建筑业发展的必然选择。我国在 2011 年 5 月发布的《2011—2015 年建筑业信息化发展纲要》中明确提出要加快发展 BIM 技术应用；2015 年 6 月，住建部发布《关于推进建筑信息模型应用的指导意见》，对建筑行业甲级勘察设计单位和特级、一级房建施工企业提出了明确的 BIM 目标；2016 年 8 月，我国发布了《2016—2020 年建筑业信息化发展纲要》，与"十二五"的相比，"十三五"期间的 BIM 规划更加注重落实，对工程建设与监管、信息技术应用、标准建设等方面的 BIM 应用均提出了具体细致的要求。在国家政策的号召下，各级地方政府和企业也纷纷积极加大 BIM 的推广与研发力度，北京、上海、深圳等很多城市先后推出 BIM 发展规划和应用目标，很多大型设计企业和施工企业成立了专门的技术研发部门，在一些大型项目上开展 BIM 实践。

在我国，建筑业是一个复杂的行业，行业内有多种不同类型及规模的企业。当前，BIM 技术在我国建筑业中的应用仍处于初期阶段，我国已经有一部分项目开始运用 BIM 技术，然而其中的大多数属于政府提供技术支持的大中型建筑工程项目，这些项目通过 BIM 技术的运用取得了巨大的成效。而在一些中小型建筑企业中，BIM 技术还只是一种未被广泛应用的新技术，因此，BIM 技术还具有很大的发展空间和前景。

在我国，BIM 技术应用一般对应工程项目的设计、施工、运营三个阶段，被划分为设计阶段 BIM 应用、施工阶段 BIM 应用、运营阶段 BIM 应用三部分。

在设计阶段，BIM 技术下的建模设计过程以三维状态为基础，与常规 CAD 基于二维状态的设计有所不同。在 CAD 状态下的设计，绘制的墙体、柱等构件没有构件属性，只是由点、线、面构成的封闭图形。而在 BIM 技术下绘制的构件本身具有各自的属性，每一个构件在空间中都通过 X、Y、Z 坐标进行定位。在设计过程中，设计师能够通过计算机虚拟出三维立体模型，达到三维可视化设计，同时构建的模型具有各自的属性，比如柱子，包括位置、尺寸、高度、混凝土强度等属性，软件将这些属性数据保存为信息模型。同时各个专业的信息模型可以互相导入和共享，提供了协同设计的基础，这样，设计师可以在设计过程中及时发现各个专业之间互相矛盾的地方。另外，设计师通过专门的碰撞检查工具，也可以发现各专业之间有矛盾的构件，从而提高设计图的质量。

在施工阶段，BIM 技术为施工管理带来了方便。BIM 三维可视化功能加上时间维度，可以用来进行施工进度模拟，随时随地直观快速地将施工计划与实际进展情况进行对比。在进行施工模拟的同时，BIM 还可以对工程中施工的难点、重点进行虚拟演示、动态仿真，针对重点或难点展现多种施工计划和工艺方案，方便设计师择优选取。此外，设计师可以利用 BIM 技术进行有效协同，使项目参建各方都能对工程项目的各种问题和情况了如指掌，从而减少建筑质量问题、安全问题，减少返工和整改。利用 BIM 技术进行协同，可以更加高效地进行信息交互，加快反馈和提高决策效率。

在运营阶段，BIM 可以为业主提供项目建设过程中的所有信息。在施工阶段做出的修改将全部同步更新到 BIM 中，并形成最终的 BIM 竣工模型，竣工模型将为工程的运营维护提供依据。此外，BIM 可同步提供有关建筑使用情况、建筑性能、建筑财务以及入住人员与容量等方面的信息，为运营管理提供决策依据。

任务二　BIM 与 Revit 的关系

1. 建筑信息模型与 Revit

BIM 技术的实施需要借助不同的软件来实现，目前常用的 BIM 软件有几十种甚至上百种。对这些软件，我们很难给予一个科学、系统、精确的分类。

美国总承包商协会（Associated General Contractors of America，AGC）将 BIM 软件分为八大类。

①概念设计和可行性研究软件（preliminary design and feasibility tools）。包括 Bentley Architecture、SketchUp、ArchiCAD、Vectorworks 等。

②BIM 核心建模软件（BIM authoring tools）。包括 Revit、Bentley BIM Suite、Digital Project、Fastrak、CATIA 等。目前，国内一些软件厂商基于 Revit 软件进行了二次开发，如天正、鸿业等。

③BIM 分析软件（BIM analysis tools）。按照类型可以分为结构分析、建筑物性能分

析、模型检查和验证等软件。国内的 PKPM 系列软件涉及结构分析、日照分析等；机电分析软件有鸿业、博超等；绿建分析软件有斯维尔等。

④加工图和预制加工软件（shop drawing and fabrication tools）。

⑤施工管理软件（construction management tools）。国内软件厂家广联达、鲁班的项目管理软件属于这个类型。

⑥算量和预算软件（quantity take-off and estimating tools）。广联达、鲁班等软件厂家的造价软件属于这个类型。

⑦计划软件（scheduling tools）。用于进度计划的模拟等，比如 Navisworks、ProjectWise 等软件。

⑧文件共享和协同软件（file sharing and collaboration tools）。

总体上讲，BIM 软件可以划分为用于建立 BIM 建模的软件和使用 BIM 进行应用分析的软件两大类。上述八类软件中，前两类属于建模软件，后六类属于 BIM 应用分析软件。

对于 BIM 建模，目前主要有四种比较常见的软件，分别是 Revit、ArchiCAD、Bentley 系列、CATIA。Revit 是著名的 CAD 软件商 Autodesk 公司的产品，在民用建筑市场借助 AutoCAD 的优势，有很高的市场占有率；ArchiCAD 原来是 Graphisoft 公司的产品，后被 Nemetschek 收购，但 ArchiCAD 只有建筑这一个专业的建模功能，限制了软件的市场发展；Bentley 系列产品在工厂设计和基础设施领域有一定的优势；CATIA 软件是 Dassault 公司的机械设计制造软件，在航空、汽车等领域应用比较普遍，但与工程建设行业项目特点的结合方面还有不足之处。

2.Revit 的优势

Revit 是 Autodesk 公司专为 BIM 技术应用而推出的产品，本书介绍的 Revit 2016 是单一应用程序，集成了建筑、结构、机电三个专业的建模功能。

Revit 是专门针对 BIM 打造的软件，可供设计和施工专业人员以模型为基础，将构想从概念设计发展成施工成果。Revit 软件有助于 BIM 概念的落地实施，协助业主提高建筑项目的设计质量、减少成本并降低环境影响，因此受到建筑行业的普遍关注。

Revit 软件主要有以下一些特点。

①工程设计可视化。工程建设人员借助 Revit 软件，可以构建、查看、修改 BIM，从概念模型到施工文档的整个设计流程都在一个直观环境中完成，从而实现工程参与各方的更好沟通协作。

②图纸模型一致性。在 Revit 模型中，所有的平面视图、三维视图等都建立在同一个建筑信息模型的数据库中，图纸文档的生成和修改简单方便，因为图纸的生成是基于三维模型的，模型和图纸之间有着紧密的关联，模型修改后，所有图纸都会自动修改，从而节省了大量的人力和时间。

③构件建模参数化。Revit 软件能对墙、梁、板、柱等建筑构件进行建模，并在构件中存储相关的建筑信息。构件通过组合，可以提供更加精细的高质量的建筑设计，而构建好的 BIM 可以帮助捕捉和分析设计概念，使其保持从设计到建造各个阶段的一致性。

④数据统计实时性。Revit 支持实时设计可视化、快速估算成本和实时分析，可以帮助设计人员更好地进行决策。设计师可以通过 Revit 获取更多、更及时的信息，从而更好地就工程设计、规模、进度和预算等做出决策。

项目二　软件基本操作

知识目标

①了解 Revit 的项目样板对应的工程类别。

②掌握 Revit 的启动方法和工作界面设置。

③掌握 Revit 的基本工具布局位置及使用方法。

能力目标

根据从事的项目选择项目样板，灵活掌握软件相关基本操作。

项目情景

我们初次接触 Revit 软件时，先要了解软件的适用领域以及软件的基本操作，这样才能为后续完成项目打好基础。因此本章先介绍软件启动、项目样板使用、基本工具使用等内容。

任务一 启用 Revit 及项目样板

1. Revit 的启动

Revit 是标准的 Windows 应用程序，用户可以像启动其他 Windows 软件一样通过双击快捷方式来启动 Revit 主程序。

启动后，默认显示"最近使用的文件"界面（图 2-1）。如果在启动 Revit 时，不希望显示"最近使用的文件"界面，可以点击左上角的"应用程序菜单"按钮，在菜单中选择位于右下角的"选项"按钮（图 2-2）。在"选项"对话框中选择"用户界面"，取消选择"启动时启用'最近使用的文件'页面"（图 2-3）。

图 2-1 软件启动

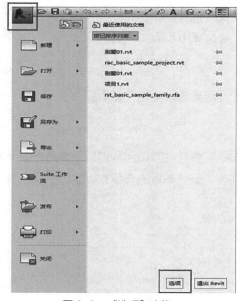

图 2-2 "选项"功能

图 2-3 修改启动选项

2.Revit 项目样板

Revit 2016 已整合了建筑、结构、机电等各专业的功能，因此在项目区域中提供了构造、建筑、结构、机械等项目创建的快捷方式。用户单击不同类的项目快捷方式，将采用各项目默认的项目样板进入新项目创建模式（图 2-4）。

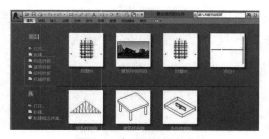

图 2-4 各项目快捷方式

项目样板是 Revit 工作的基础。项目样板中预设了新建项目默认设置，包括长度单位、轴线标高样式、墙体类型等。项目样板仅为项目提供默认预设工作环境，在项目创建过程中，Revit 允许用户在项目中自定义和修改这些默认设置。

点击左上角的"应用程序菜单"按钮，在菜单中选择位于右下角的"选项"按钮，打开"选项"对话框，点击"文件位置"，可以查看 Revit 中各类项目所采用的样板设置（图 2-5）。在该对话框中，用户还可以添加新的样板快捷方式，浏览指定采用的项目样板。

还可以单击"应用程序菜单"按钮，在列表中选择"新建→项目"（图 2-6），将弹出"新建项目"对话框（图 2-7）。在该对话框中，用户可以指定新建项目采用的样板文件，除可以选择已有的样板快捷方式外，还可以单击"浏览"按钮指定其他样板文件创建项目。在该对话框中，选择"新建"的项目为"项目样板"的方式，用于自定义项目样板。

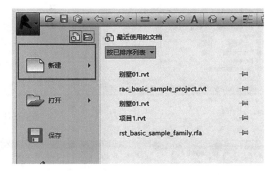

图 2-6　新建项目

图 2-5　指定项目样板

图 2-7　"新建项目"对话框

任务二　工作界面与基本工具的使用

1. 工作界面

（1）界面介绍

Revit 使用了旨在简化工作流程的 Ribbon 界面。用户可以根据自己的需要修改界面布局，可以将功能区设置为构造、建筑、结构、机械四种显示之一，还可以同时显示若干个项目视图，或修改项目浏览器的默认位置。

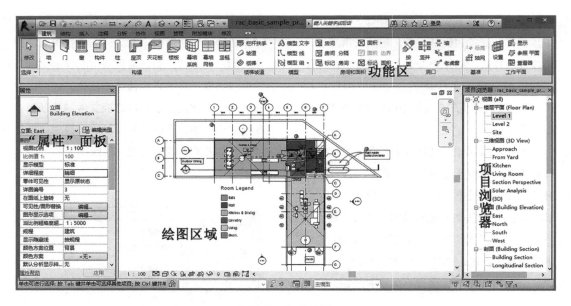

图 2-8　Revit 界面

图 2-9　功能区显示

图 2-8 所示，为在项目编辑模式下 Revit 的界面形式。

（2）功能区

功能区提供了在创建项目或族时所需的全部工具。在创建项目文件时，功能区显示如图 2-9 所示。功能区主要由选项卡、工具面板和工具组成。

单击工具可以执行相应的命令，进入绘制或编辑状态。在本书后面章节中，我们会按选项卡、工具面板、工具的顺序描述操作中该工具所在的位置。例如，要执行"墙"工具，我们将描述为"单击'建筑'选项卡'构建'面板中的'墙'工具"。

如果同一个工具图标中存在其他工具或命令，则工具图标下方会显示下拉按钮。单击该按钮，可以显示附加的相关工具。图 2-10 所

图 2-10　"墙"工具

示，为"墙"工具中包含的各种类型的墙。

（3）项目浏览器

项目浏览器用于组织和管理当前项目中

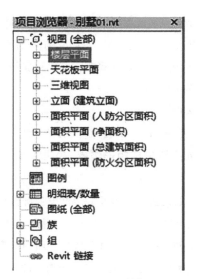

图 2-11 项目浏览器

图 2-12 "属性"面板

包含的所有信息，包括项目中所有视图、明细表、图纸、族、组、链接的 Revit 模型等项目资源。Revit 按逻辑层次关系组织这些项目资源，方便用户管理。展开或折叠各分支时，将显示或隐藏下一层级的内容。

图 2-11 所示，为项目浏览器中包含的项目内容。在项目浏览器中，项目类别前显示"+"，表示该类别中还包括其他子类别项目。在 Revit 中进行项目设计时，最常用的操作就是利用项目浏览器在各视图间切换。

（4）"属性"面板

"属性"面板可以用来查看和修改定义 Revit 中图元实例属性的参数。"属性"面板各部分的功能如图 2-12 所示，包括类型选择器、编辑类型、属性过滤器、实例属性。

（5）绘图区域

Revit 窗口中的绘图区域显示当前项目的楼层平面视图以及图纸和明细表视图。在 Revit 中，每当切换至新视图时，绘图区域都将创建新的视图窗口，且保留所有已打开的其他视图。

默认情况下，绘图区域的背景颜色为白色，在"选项"对话框"图形"选项中，我们可以设置视图中的绘图区域背景反转为黑色。如图 2-13 所示，使用"视图"选项卡"窗口"面板中的"平铺""层叠"工具，可设置所有已打开视图的排列方式为平铺或层叠等。

图 2-13 窗口选项

（6）视图控制栏

在楼层平面视图和三维视图中，绘图区域各视图窗口底部均会出现视图控制栏（图2-14）。

1 : 100 □ 🗗 🔯 ⚙ ✦ 🔀 ⟳ ♀ 📷 ▦ 🔳 ◁

图 2-14　视图控制栏

通过视图控制栏，用户可以快速访问影响当前视图的功能。其中包括下列十二个功能：比例、详细程度、视觉样式、打开/关闭日光路径、打开/关闭阴影、裁剪视图、显示/隐藏裁剪区域、临时隐藏/隔离、显示隐藏的图元、临时视图属性、显示/隐藏分析模型、隐藏/显示约束。在后续的项目中我们将介绍视图控制栏中各项工具的使用方法。

2. 基本工具的使用

（1）图元选择

在 Revit 中，要对图元进行修改和编辑，必须选择图元。用户可以使用三种方式进行图元的选择，即单击选择、框选和过滤器选择。

①单击选择。

移动光标至任一图元上，Revit 将高亮显示该图元并在状态栏中显示有关该图元的信息，单击将选择被高亮显示的图元。在选择时如果多个图元彼此重叠，可以移动光标至图元位置，循环按"Tab"键，Revit 将循环高亮预览显示各图元，当要选择的图元高亮显示后，单击将选择该图元（图2-15）。

②框选。

将光标放在要选择的图元一侧，并对角拖曳光标以形成矩形边界，可以绘制选择范围框。当从左至右拖曳光标绘制范围框时，将生成实线范围框，被实线范围框全部位包围的图元才能被选中；当从右至左拖曳光标绘制范围框时，将生成虚线范围框，所有被完全包围和与范围框边界相交的图元均可被选中（图2-16）。

③过滤器选择。

选择多个图元时，在状态栏的过滤器中能查看到图元种类；还可在过滤器中取消部分图元的选择。

（2）图元编辑

如图 2-17 所示，在"修改"面板中，Revit 提供了移动、复制、对齐、旋转、偏移、镜像等命令。用户利用这些命令可以对图元进行编辑和修改操作。

①移动✥：能将一个或者多个图元从一个位置移动到另一个位置。移动的时候，可以选择图元上某点或某线来移动，也可以在空白处

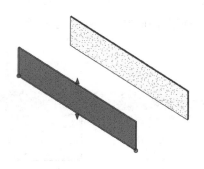

图 2-15　单击选择图元

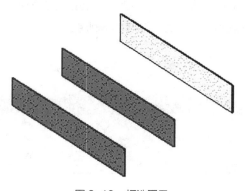

图 2-16　框选图元

随意移动。移动命令的默认快捷键为"MV"。

②复制 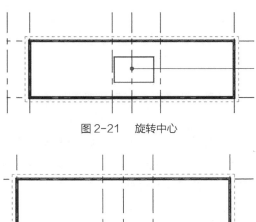：可以复制一个或多个选定图元，并生成副本。点选图元，使用复制命令时，选项栏如图2-18所示。可以通过勾选"多个"选项实现连续复制图元。复制命令的默认快捷键为"CO"。

③对齐 ：可以将一个或多个图元与选定位置对齐。如图2-19所示，下面的墙体与上面的墙体分开，通过对齐命令，用户可以使下面的墙体与上面的墙体对齐。使用对齐命令时，要求先单击选择对齐的目标位置，再单击选择要移动的对象图元，这样所选择的对象会自动对齐至目标位置。对齐后的效果如图2-20所示。

④旋转 ：使用旋转命令可使图元绕指定轴旋转。默认旋转中心位于图元中心，如图2-21所示。移动光标至旋转中心标记位置，按住鼠标左键不放将其拖曳至新的位置再松开鼠标左键，可变换旋转中心位置，如图2-22所示。然后单击确定起点旋转角边，再确定终点旋转角边，就能确定图元旋转后的位置。图2-23所示图元旋转之后如图2-24所示。

图 2-17 图元编辑命令

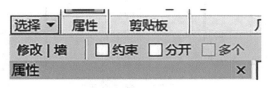

图 2-18 "复制"选项栏

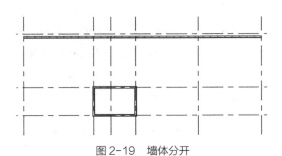

图 2-19 墙体分开

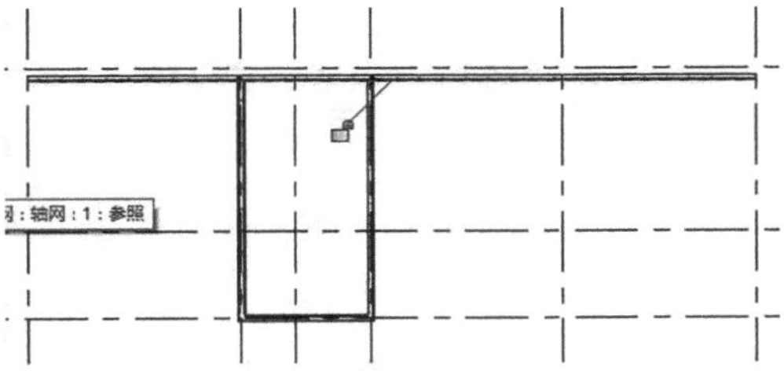

图 2-21 旋转中心

图 2-22 变换旋转中心位置

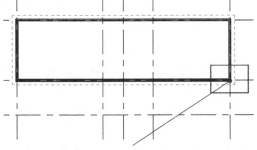

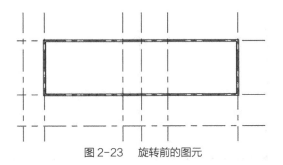

图 2-20 墙体对齐

图 2-23 旋转前的图元

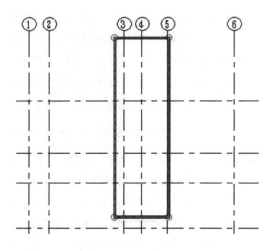

图 2-24　旋转后的图元

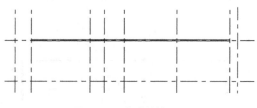

图 2-25　偏移前的图元

图 2-26　偏移后的图元

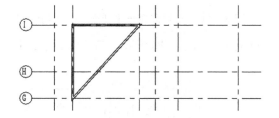

图 2-27　镜像前的图元

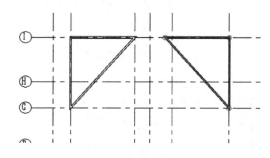

图 2-28　镜像后的图元

⑤偏移：使用偏移命令可以对选定模型线、详图线、墙或梁等图元进行复制或将其在与其长度垂直的方向移动指定的距离。如图2-25所示的一道墙，我们可以在选项栏中通过指定拖曳图形的方式或输入距离数值的方式来偏移图元（图2-26）。如不勾选"复制"，产生偏移后的图元时，原图元将被删除（相当于移动图元）。

⑥镜像：镜像命令是指使用一条线作为镜像轴，对所选图元执行镜像（反转其位置）操作。如图2-27所示图元，经过镜像命令，可得到图2-28所示图元。

Q&A:

项目三　标高与轴网

知识目标

①了解 Revit 标高、轴网的概念及相关术语。

②掌握建筑标高的绘制方法。

③掌握建筑轴网的绘制方法。

能力目标

灵活利用 Revit 创建与编辑建筑标高和轴网。

项目情景

标高一般用来定义楼层层高及生成平面视图，但不是必须作为楼层层高；轴网用来为构件定位，在 Revit 中，轴网确定了一个不可见的工作平面。轴网编号以及标高符号样式均可定制修改。Revit 软件目前支持绘制弧形和直线轴网，不支持折线轴网。

在本章中，我们需重点掌握轴网和标高的 2D、3D 显示模式的不同作用，影响范围命令的应用，轴网和标高标头的显示控制，生成对应标高的平面视图等功能。

Q&A:

单击桌面  图标后，选择左上角项目中的"建筑样板"按钮（图3-1），进入"新建项目"对话框。

项目

- 打开...
- 新建...
- 构造样板
- 建筑样板
- 结构样板
- 机械样板

图3-1 选择项目样板

任务一　创建和编辑标高

1. 创建标高

标高可以用来定义垂直高度或建筑内的楼层高度及生成平面视图。

【实例3-1】创建标高

①如图3-2所示，在项目浏览器中展开"立面（建筑立面）"项，双击视图名称"南"进入南立面视图。

项目浏览器 - 项目1

- 视图 (全部)
  - 楼层平面
  - 天花板平面
  - 三维视图
  - 立面 (建筑立面)
    - 东
    - 北
    - 南
    - 西
  - 面积平面 (人防分区面积)
  - 面积平面 (净面积)

图3-2 项目浏览器中的"立面（建筑立面）"项

②将系统预设的"标高1""标高2"改为"F1""F2"，并调整"F2"标高，将一层与二层之间的层高修改为4.5米（图3-3）。

注意：直接调整标高通常设置单位为"米"，调整两个标高的间距单位为"毫米"。

③单击屏幕空白处，在"建筑"选项卡下的"基准"面板中单击"标高"工具（图3-4），在"F2"上方绘制标高"F3"，调整

图3-3 调整"F2"标高界面

图3-4 面板中的"标高"工具

图 3-5　绘制 "F3" 标高界面

其间隔，使 "F2" 和 "F3" 的间距为 4500 毫米（图 3-5）。

④利用 "修改" 面板中的复制命令，创建 "室内外" 标高。

a. 按下 "修改 | 标高" 选项卡下 "修改" 面板中的 "复制" 命令按钮。

b. 移动光标在标高 "F2" 上单击捕捉一点作为复制参考点，然后垂直向下移动光标，输入间距值 5100，按 "Enter" 键确认后复制新的标高。

c. 选择新复制的标高，单击蓝色的标头名称激活文本框，输入新的标高名称 "室内外" 后按 "Enter" 键确认。结果如图 3-6 所示。

图 3-6　复制标高界面

⑤建筑的各个标高创建完成，保存文件。

需要注意的是：在 Revit 中复制的标高是参照标高，因此新复制的标高标头都是以黑色显示的，项目浏览器中的 "楼层平面" 项下也没有创建新的平面视图。而且标高标头之间有干涉，下面将对标高做局部调整。

2. 编辑标高

【实例 3-2】编辑标高

接上节练习完成下面的标高编辑。

①单击拾取 "室内外" 标高，在左侧 "属性" 面板中单击 "编辑类型"，在弹出的 "类型属性" 对话框中，将 "类型" 设置为 "下标头"，将 "线型图案" 设置为中心线，两个标头自动向下翻转方向。结果如图 3-7 所示。

②执行选项卡 "视图→平面视图→楼层平面" 命令，打开 "新建平面" 对话框。从下面列表中选择 "室内外"（图 3-8），单击 "确定" 后，即在项目浏览器中创建了新的楼层平面 "室内外"，并自动打开 "室内外" 作为当前视图。

③在项目浏览器中双击 "立面（建筑立面）" 项下的 "南" 回到南立面视图中，发现 "室内外" 标高标头变成蓝色显示。

④保存文件。

图 3-7　翻转标高标头方向

图 3-8　新建 "室内外" 平面

任务二 创建和编辑轴网

1. 创建轴网

下面我们将在平面图中创建轴网。在 Revit 中，只需要在任意一个平面视图中绘制一次轴网，其他平面和立面、剖面视图中都将自动显示。

【实例 3-3】创建轴网

①接上节练习，在项目浏览器中双击"楼层平面"项下的"F1"视图。

②打开"F1"平面视图，使用"建筑"选项卡下"基准"面板中的"轴网"工具，绘制第一条垂直轴线，轴号为"1"。绘制完成后，在"属性"面板中点击"编辑类型"，在弹出的"类型属性"对话框中，将"线段中段"设为"连续"，并勾选"平面视图轴号端点1"。

③利用复制命令创建 2~4 号轴线。单击选择 1 号轴线，执行复制命令，移动光标在 1 号轴线上单击捕捉一点作为复制参考点，并且勾选"约束"和"多个" 修改 | 轴网　☑约束　□分开　☑多个，然后水平向右移动光标，输入间距值 7500 后按"Enter"键确认，复制出 2 号轴线。保持光标位于新复制的轴线右侧，分别输入 7500、2750 后按"Enter"键确认（图 3-9）。

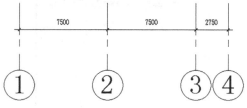

图 3-9　复制轴网界面

④执行选项卡"建筑→基准→轴网"命令，移动光标到视图中 1 号轴线标头左上方位置，单击鼠标左键捕捉一点作为轴线起点，从左向右水平移动光标到 4 号轴线右侧一段距离后，再次单击鼠标左键捕捉轴线终点，创建第一条水平轴线。

⑤选择刚创建的水平轴线，修改标头文字为"A"，创建 A 号轴线。

⑥利用复制命令，创建 B~G 号轴线。移动光标在 A 号轴线上单击捕捉一点作为复制参考点，然后垂直向上移动光标，保持光标位于新复制的轴线上方，分别输入 7500、7500、2400、2100、2100、2400 后按"Enter"键确认，完成复制。

⑦完成后的轴网如图 3-10 所示，保存文件。

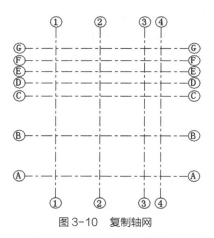

图 3-10　复制轴网

2. 编辑轴网

【实例 3-4】编辑轴网

①标头位置调整：在"标头位置调整"符号上按住鼠标左键拖曳可整体调整所有标头的位置；如果先单击打开"标头对齐锁"，然后再拖曳，即可单独移动一个标头的位置。

②用同样方法调整立面视图的标高和轴网。

至此标高和轴网创建完成，选中所有轴线并锁定，保存文件。

项目四　墙体与幕墙

知识目标

①了解建筑墙体与幕墙的构造。

②掌握建筑墙体与幕墙的绘制方法。

③掌握建筑墙体与幕墙的参数修改方法。

能力目标

熟悉新建并修改墙体、幕墙的参数，掌握墙体与幕墙的绘制方法，并应用于建筑项目中。

项目情景

在墙体绘制时，我们需要综合考虑墙体的高度、构造做法、立面显示及大样详图，图纸粗略、精细程度的显示（各种视图比例的显示），内外墙体区别等。幕墙是墙体的一种，其基本单元是幕墙嵌板，幕墙嵌板的大小、数量由划分幕墙的幕墙网格决定。

任务一　一般墙体的绘制

1. 绘制墙体

新建"建筑样板"，选择"建筑"选项卡，单击"构建"面板中"墙"的下拉按钮，我们可以看到"墙：建筑""墙：结构""面墙""墙：饰条""墙：分隔条"五个选项。"墙：结构"在创建承重墙和抗剪墙时使用，而使用体量面或者常规模型时，我们常选择"面墙"。

绘制墙体时，选择墙体类型，单击图元"属性"，在"编辑类型"中使用复制的方法来创建新的墙体。同时要设置墙的高度、定位线、偏移量、半径等，然后在视图中拾取两点绘制墙。

如果有导入的二维 .dwg 平面图作为底图，可以选择墙类型，设置好墙的高度、定位线、偏移量等参数，选择"拾取线 / 边"，拾取平面图的墙线，自动生成墙线。

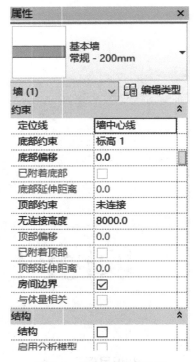

图 4-1　修改墙的实例参数

2. 编辑墙体

①墙体图元属性的修改。选择墙体，自动激活"修改墙"选项卡，单击"图元"面板下的"图元属性"按钮，弹出墙体"属性"面板。

②修改墙的实例参数。修改墙的实例参数包括设置所选择墙体的定位线、高度、底部和顶部的约束及偏移、结构等特性（图 4-1）。建议墙体与楼板屋顶附着时设置顶部偏移，偏移值为楼板厚度，这样可以解决楼面三维显示时能看到墙体与楼板交线的问题。

③设置墙的类型参数。墙的类型参数包括不同类型墙体的粗略比例填充样式、墙的结构材质等的设置（图 4-2）。

单击"类型属性"中"结构"对应的"编辑"按钮（图 4-3），弹出"编辑部件"对话框，可编辑构造层厚度及位置（图 4-4）。

Q&A:

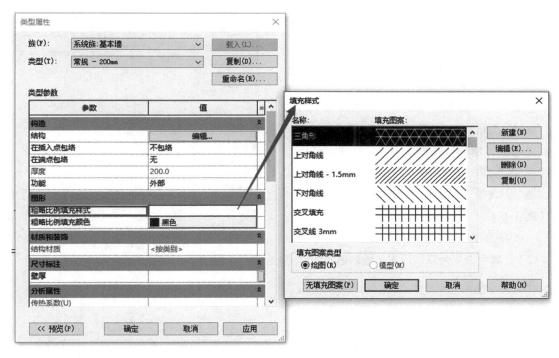

图 4-2　设置墙的类型参数

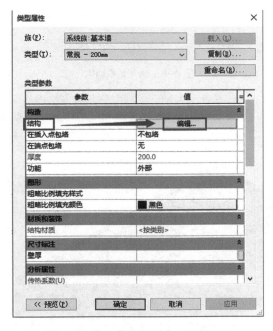

图 4-3　进入"类型属性"对话框界面

图 4-4　编辑墙的厚度

【实例 4-1】创建墙体

①新建建筑项目文件。

②在项目浏览器中将视图切换至"标高
1"。

③利用"建筑"选项卡下"基准"中的
"轴网"工具，绘制如图 4-5 所示的轴网。

④在"建筑"选项卡下的"构建"面板
中单击"墙"按钮，在"属性"面板中单击
"墙"，选择"基本墙：常规 -200mm"类型
（图 4-6）。

⑤在选项栏中设置墙体高度为 4000（图
4-7），其余选项为默认设置。绘制基本墙体
（图 4-8）。

图 4-7　编辑墙体高度

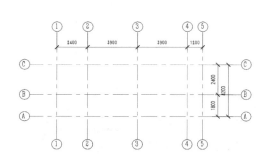

图 4-5　绘制轴网

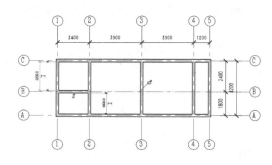

图 4-8　绘制基本墙体

⑥三维视图中的墙体如 4-9 所示。

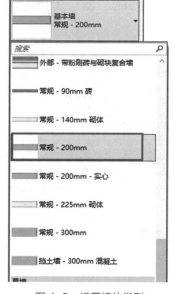

图 4-6　设置墙体类型

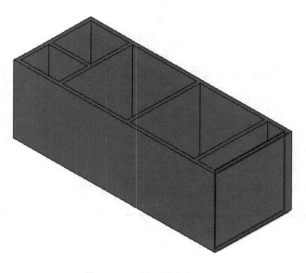

图 4-9　三维视图中的墙体

任务二 复合墙与叠层墙的绘制

复合墙与叠层墙是基于基本墙属性修改得到的。复合墙的拆分是基于外墙层涂料的拆分，并非墙体的拆分，而叠层墙是将墙体拆分成上下几个部分。

1. 复合墙

复合墙就像屋顶、楼板和天花板，包括多个水平面，也包括多个垂直层或者区域。

【实例4-2】创建复合墙体

创建复合墙体，其中外墙参数为5厚白色涂料、285厚混凝土、10厚瓷砖。

①新建建筑项目文件。

②在项目浏览器中将视图切换至"标高1"。

③在"建筑"选项卡下的"构建"面板中单击"墙"按钮，在"属性"面板中单击"编辑类型"，在"类型属性"中点击"复制"，在名称处输入"外墙390"，在"结构"栏中点击"编辑"，弹出"编辑部件"对话框。

④插入两个结构，将序号2改为"面层1"，点击"按类别"旁边的"…"（图4-10），打开材质浏览器。

⑤在材质浏览器中搜索涂料，点击"涂料-黄色"，在下方将其复制为一个新的涂料（图4-11）。将新的涂料重命名为"5厚涂料-白色"，在"外观"处点击"墙漆"颜色，选择"白色"（图4-12），点击"确定"。

⑥回到"编辑部件"对话框，点击下一项材质"按类别"旁边的"…"，在材质浏览器的"Autodesk材质"中选择"混凝土"（图

图4-10 编辑部件

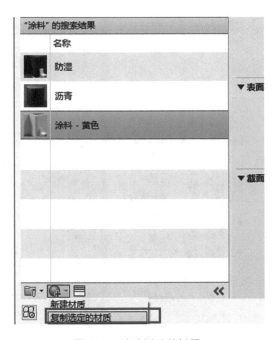

图4-11 复制选定的材质

4-13）。将混凝土材质复制到项目材质中（图4-14），重命名为"285厚混凝土"。将其应用到"结构"中，如图4-15所示。

⑦同理，点击最后的"结构"改名为"面

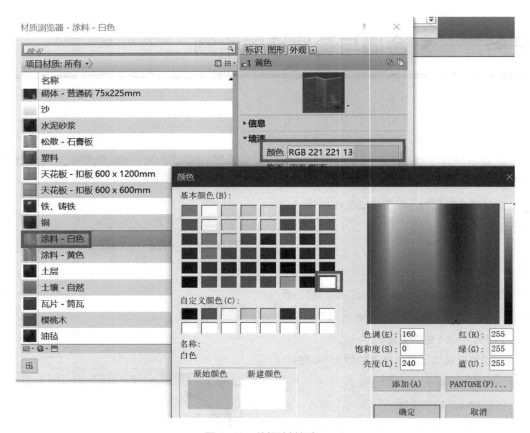

图 4-12　编辑涂料颜色

图 4-13　选择材质

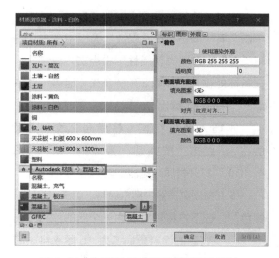

图 4-14　将混凝土材质复制到项目材质中

层 2"，点击"按类别"旁的"..."，在材质浏览器的"Autodesk 材质"中选择"瓷砖"，选择"瓷砖，瓷器，6 英寸"，复制到项目材质

中，重命名为"10 厚瓷砖"。

⑧编辑好的墙体结构如图 4-16 所示，点击"确定"，编辑复合墙体完毕。

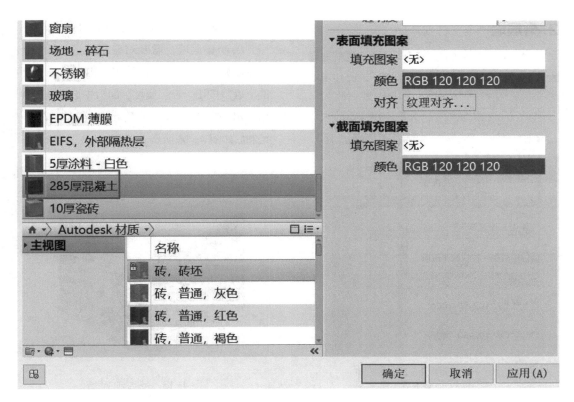

图 4-15　选择混凝土材质

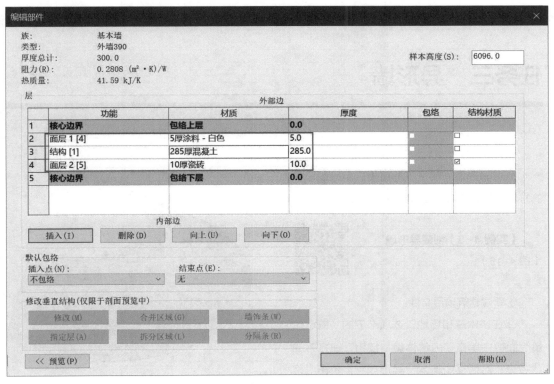

图 4-16　编辑墙体结构

2. 叠层墙

叠层墙是一种由若干不同子墙，也就是基本墙类型相互叠加在一起的主墙，可以在不同的高度定义不同的墙厚、复合层和材料。

绘制叠层墙，需要对叠层墙进行设置。选择"建筑"选项卡，单击"构建"面板下的"墙"按钮，在"属性"面板中选择墙的类型，如"外部－砌块勒脚砖墙"（图4-17），绘制后如图4-18所示。

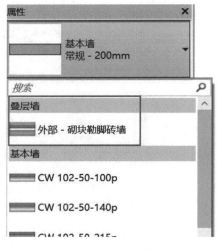

图4-17　叠层墙属性

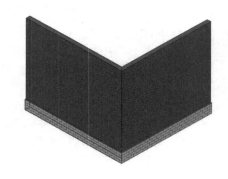

图4-18　带勒脚的砖墙

任务三　异形墙

所谓异形墙，就是不能直接应用绘制墙体的方法绘制的墙体，如倾斜墙、扭曲墙等。

【实例4-3】创建异形墙
（图4-19）

①新建建筑项目文件。

②在"体量和场地"选项卡下的"概念体量"面板中单击"内建体量"按钮，在打开的"名称"对话框中输入"异形墙"，单击"确定"按钮进入体量创建与编辑模式。

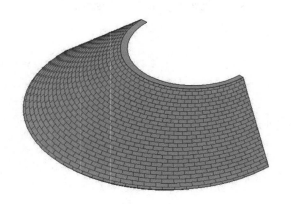

图4-19　异形墙示意

③使用"修改|放置 线"选项卡下"绘制"面板中的"圆形"工具，在"标高1"楼层平面视图中绘制界面1（图4-20）。

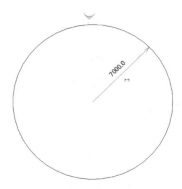

图 4-20 在"标高 1"中绘制圆形

④再次利用"圆形"工具，在"标高 2"楼层平面视图中绘制界面 2（图 4-21）。

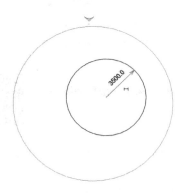

图 4-21 在"标高 2"中绘制圆形

⑤在"三维视图" 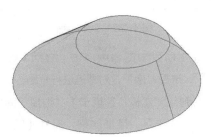 中，按"Ctrl"键选择两个圆，在"修改|线"选项卡下的"形状"面板中单击"创建形状"按钮，选择"实心形状"（图4-22）。单击"完成体量"按钮

图 4-22 完成体量

✔
完成体量，退出体量创建与编辑模式。

⑥在"建筑"选项卡下的"构建"面板中执行"墙→面墙"操作，切换到"修改|放置墙"选项卡。

⑦在"属性"面板中，选择"基本墙：常规 -90mm 砖"，在体量模型中拾取一个面作为面墙（图 4-23）。

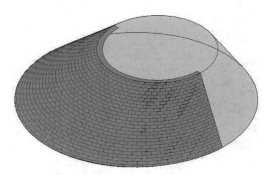

图 4-23 拾取一个面作为面墙

⑧隐藏体量模型，查看异形墙的效果（图4-24）。

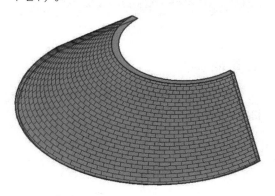

图 4-24 异形墙的效果

Q&A:

任务四　幕墙

幕墙按材料分有玻璃幕墙、石材幕墙、金属幕墙等，图4-25所示为玻璃幕墙建筑。

图4-25　玻璃幕墙建筑

1. 幕墙系统

幕墙系统由幕墙嵌板、幕墙网格和幕墙竖梃组成（图4-26）。

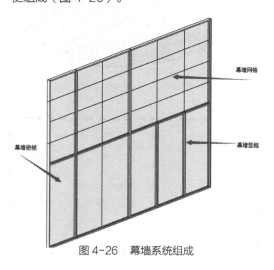

图4-26　幕墙系统组成

2. 幕墙系统的类型

幕墙系统默认有三种类型：幕墙、外部玻璃、店面（图4-27）。

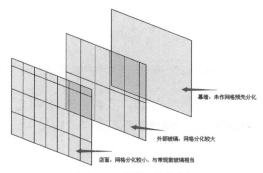

图4-27　幕墙系统的类型

【实例4-4】一般幕墙绘制

①新建建筑项目文件。

②在项目浏览器中切换视图为"标高1"。

③利用"建筑"选项卡下的"构建"面板，单击"墙"按钮，在"属性"面板中选择墙的类型为"幕墙"。

④绘制幕墙，长度为10000（图4-28）。

图4-28　绘制幕墙

⑤在项目浏览器中点击"立面（建筑立面）"，选择"南"，对幕墙进行分格。

⑥利用"建筑"选项卡下"构建"面板中的"幕墙网格"，添加网格，尺寸如图4-29所示。

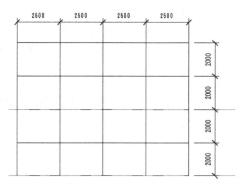

图 4-29　给幕墙添加网格

⑦点击"三维视图" 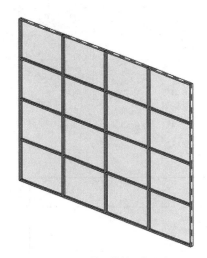，利用"建筑"选项卡下的"构建"面板，选择"竖梃"，给每个网格线添加竖梃（图 4-30）。

图 4-30　给网格线添加竖梃

3. 创建幕墙系统

对于异形幕墙，我们可以通过创建体量模型来创建幕墙系统。

【实例 4-5】使用幕墙系统

①新建建筑项目文件。

②切换视图为三维视图，选择"体量和场地"选项卡下"概念体量"面板中的"内建体量"，进入体量创建与编辑模式（图 4-31）。

③在"标高 1"平面上绘制如图 4-32 所示的轮廓。

④单击"创建形状"按钮，创建"实心形

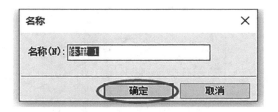

图 4-31　进入体量创建与编辑模式

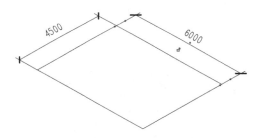

图 4-32　在"标高 1"平面上绘制轮廓

Q&A:

状"，高为 7000（图 4-33）。

⑤单击"完成体量"后，退出体量创建与编辑模式。在"建筑"选项卡下的"构建"面板中单击"幕墙系统"，再单击"选择多个"按钮，选择 4 个侧面作为添加幕墙的面（图 4-34）。

⑥单击"修改｜放置面幕墙系统"选项卡下的"创建系统"按钮，自动创建幕墙系统（图 4-35）。

⑦此时创建的幕墙是系统默认的"幕墙系统 1500×3000"（图 4-36）。

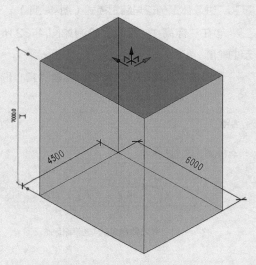

图 4-33　创建"实心形状"

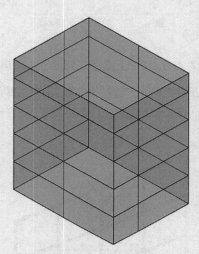

图 4-35　幕墙效果

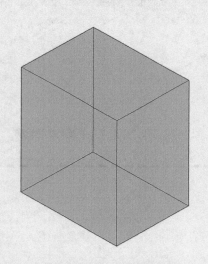

图 4-34　添加幕墙的面

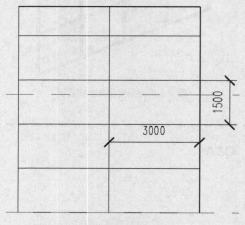

图 4-36　幕墙网格尺寸

项目五　门、窗、柱、梁

知识目标

①了解门、窗、柱、梁的构造。

②掌握门、窗、柱、梁的载入方法。

③掌握门、窗、柱、梁的参数修改方法。

能力目标

将门、窗、柱、梁灵活应用于建筑项目中。

项目情景

当构建完墙体后，我们就该构建门、窗及建筑内外部的装饰柱等部分了，因此本章详细介绍门、窗、柱、梁的创建方法及建模注意事项等。

任务一　门设计

门、窗是建筑设计中最常用的构件。Revit 提供了门、窗工具，用于在项目中添加门、窗图元。门、窗必须被放置于墙等主体图元上，这种依赖于主体图元而存在的构件被称为"基于主体的构件"，当删除墙体时，门、窗也随之被删除。

在 Revit 中设计门，其实就是将门族模型添加到建筑模型中。由于 Revit 中自带的门族较少（图 5-1），我们可以使用载入族的方法将用户制作的门族载入当前模型中（图 5-2）。

【实例 5-1】在建筑中添加及修改门

①新建建筑项目文件。

②在项目浏览器中切换视图至"标高 1"。

③利用"建筑"选项卡下"基准"中的"轴网"工具，绘制如图 5-3 所示的轴网。

④单击"建筑"选项卡下"构建"面板中

Q&A:

图 5-2　载入门族

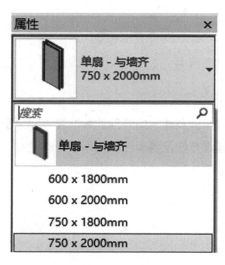

图 5-1　Revit 自带的门族类型

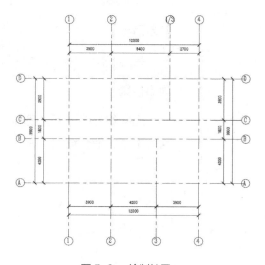

图 5-3　绘制轴网

的"墙"，按默认基本墙设置，把"未连接"改为连接到"标高2"（图5-4），利用"基本墙：常规-200mm"绘制墙，卫生间部分绘制墙体为"90mm"，最后绘制好的墙体如图5-5所示。

⑤ Revit 中仅有一种门类型，不适合做本项目的大门，因此需要载入门族。单击"建筑"选项卡下"构建"面板中的"门"，切换至"修改｜放置门"，点击"载入族"（图5-6），找到"建筑"，选择"门"，点击"普通门"，选择"双扇"，载入"双面嵌板木门4.rfa"（图5-7）。

⑥在建筑内部插入门，其中门的类型分为卫生间门和卧室门两种。对需插入的门进行标

图 5-4　墙体设置

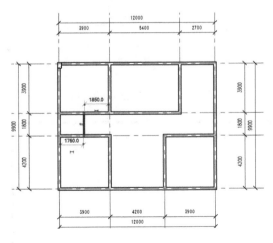

图 5-5　墙体绘制

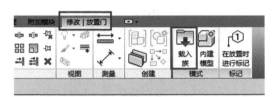

图 5-6　在"修改｜放置门"中点击"载入族"

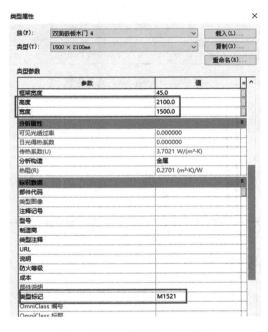

图 5-7　门族类型属性参数设置

Q&A:

记，如图 5-8 所示。放置时可调整所插入门的方向，如图 5-9 所示。

⑦同理，插入其他门。其中卧室门载入门族为"单嵌板木门"，在其编辑类型中修改"类型标记"为"M0921"；卫生间门载入门族为"单嵌板玻璃门 1"，在其编辑类型中点击"复制"，并重命名为"700×2100mm 2"，将"宽度"改为"700"，将"类型标记"改为"M0721"（图 5-10）。

⑧最后得到的模型如图 5-11 所示，保存文件。

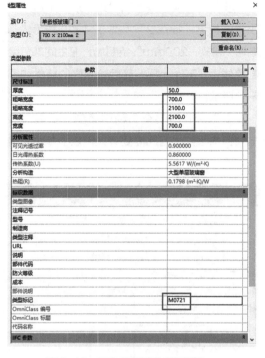

图 5-10 门族类型属性参数调整

图 5-8 放置时进行标记设置

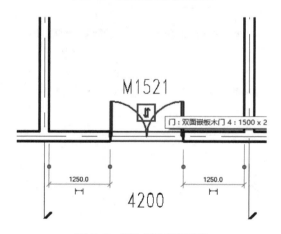

图 5-9 插入门及方向调整

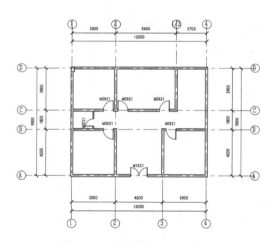

图 5-11 门的位置及相应注释

Q&A:

任务二 窗设计

在 Revit 中进行窗设计，就是将窗族模型添加到建筑模型中。窗族的插入与门族的类似，可以使用载入族的方法将用户制作的窗族载入当前模型中（图5-12）。

【实例5-2】在建筑中添加及修改窗

①打开上一节制作的建筑项目文件，继续添加窗族。

②在项目浏览器中切换视图至"标高1"。

③单击"建筑"选项卡下"构建"面板中的"窗"，切换至"修改 | 放置窗"，点击"载入族"，找到"建筑"，选择"窗"，点击"普通窗"，选择"平开窗"，选择"单扇平开窗2 - 带贴面.rfa"（图5-13）。

④在"属性"面板中点击"编辑类型"（图5-14），点击"复制"并重命名为"1500×1800mm 2"（图5-15）。

⑤修改"尺寸标注"为高1800、宽1500（图5-16），并在"类型标记"中改为"C1518"（图5-17）。

⑥在"属性"面板中，将"限制条件"中

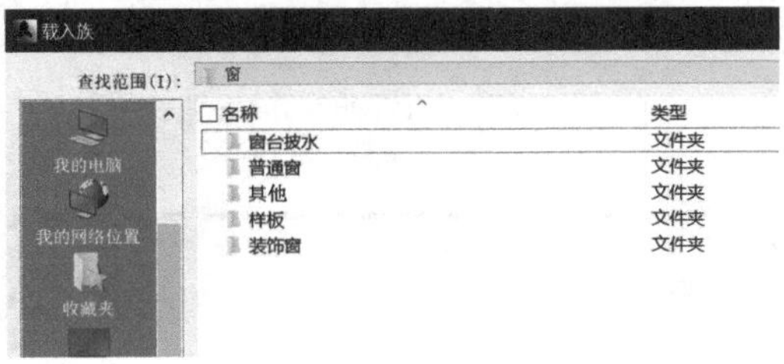

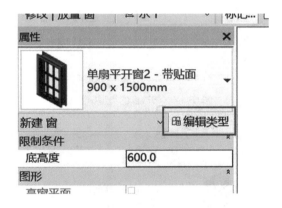

图5-14 编辑窗的类型

图5-12 载入窗族示意

图5-13 载入合适的窗族

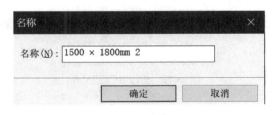

图5-15 复制修改窗名

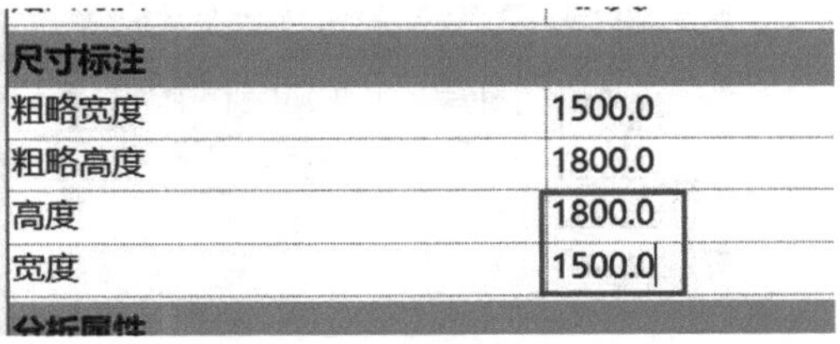

尺寸标注	
粗略宽度	1500.0
粗略高度	1800.0
高度	1800.0
宽度	1500.0

图5-16 修改窗的高度与宽度

的"底高度"改为"900"（图5-18）。

⑦在"标记"面板中点击"在放置时进行标记"（图5-19），在墙体的合适位置插入窗（图5-20、图5-21）。

⑧按照同样的方法绘制其他的窗。在"建筑"选项卡下的"构建"面板中点击"窗"，找到刚才的"单扇平开窗2 - 带贴面"（图5-22），点击"编辑类型"，复制并重命名为

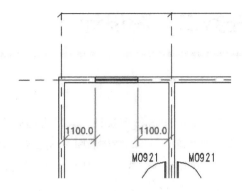

图5-20 窗的位置

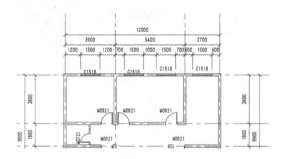

图5-21 窗的位置及相应注释

成本	
部件说明	
类型标记	C1518
OmniClass 编号	
OmniClass 标题	

图5-17 修改窗的类型标记

图5-22 修改窗的编辑类型

图5-18 修改窗的底高度

Q&A:

图5-19 对窗进行标记设置

"2100×1800mm"（图 5-23）。修改"尺寸标注"为高 2100、宽 1800（图 5-24），并在"类型标记"中改为"C2118"（图 5-25）。在"属性"面板中，将"限制条件"中的"底高度"改为"900"（图 5-26）。在"标记"面板中点击"在放置时进行标注"，

在墙体的合适位置插入窗（图 5-27）。

⑨绘制卫生间的窗。单击"建筑"选项卡下"构建"面板中的"窗"，切换至"修改 | 放置窗"，点击"载入族"，找到"建筑"，选择"窗"，点击"普通窗"，选择"百叶窗"，选择"百叶窗 1.rfa"（图 5-28），选择其中一个百叶窗类型（图 5-29）。

图 5-23　复制窗族并重命名

尺寸标注	
粗略宽度	1800.0
粗略高度	2100.0
高度	2100.0
宽度	1800.0

图 5-24　修改高度、宽度

部件代码	
成本	
部件说明	
类型标记	C2118
OmniClass 编号	
OmniClass 标题	

图 5-25　修改类型标记

图 5-26　修改窗底高度

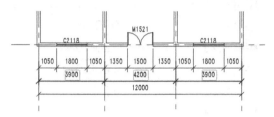

图 5-27　插入窗的位置及相应注释

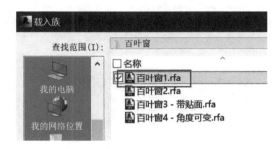

图 5-28　载入百叶窗族

图 5-29　选择百叶窗的类型

Q&A:

在百叶窗的"编辑类型"中点击"复制"并重命名为"900×1200mm"，修改"尺寸标注"为高1200、宽900（图5-30），将"类型标记"改为"C0912"（图5-31），将窗的"底高度"修改为"1800"（图5-32）。绘制好的卫生间窗，如图5-33所示。

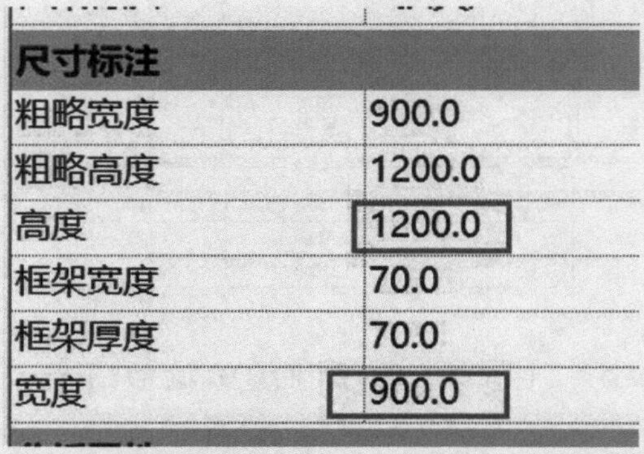

由于放进去的高窗不显示，我们需要调整视图范围。在"属性"面板中点击"视图范围"，调整视图范围的剖切面"偏移量"为1800（图5-34），确定后可以看见高窗的平面位置（图5-35）。

⑩绘制好的模型的最终三维效果如图5-36所示，保存文件。

尺寸标注	
粗略宽度	900.0
粗略高度	1200.0
高度	1200.0
框架宽度	70.0
框架厚度	70.0
宽度	900.0

图5-30　修改百叶窗的高度、宽度

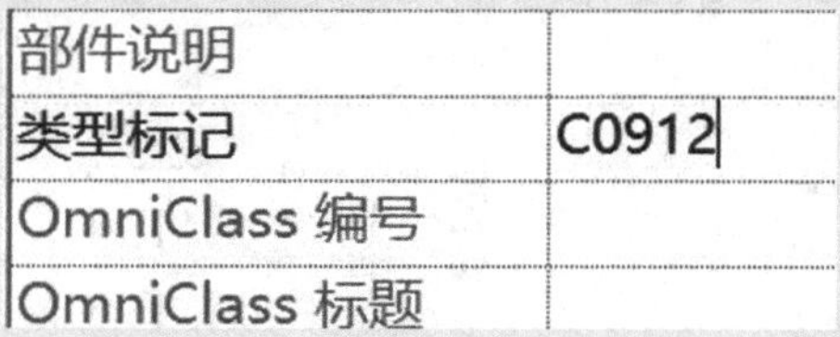

部件说明	
类型标记	C0912
OmniClass 编号	
OmniClass 标题	

图5-31　修改百叶窗的类型标记

图5-32　修改百叶窗的底高度

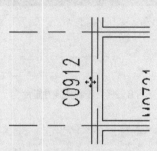

图5-33　载入卫生间窗的位置

图5-34　修改视图范围

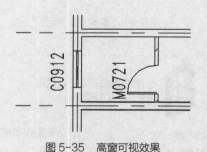

图5-35　高窗可视效果

Q&A:

图 5-36　窗的最终效果

任务三　柱设计

在 Revit 中，柱包括结构柱和建筑柱两种。结构柱用于承重，如钢筋混凝土框架结构的承重柱。建筑柱主要起装饰及围护作用。建筑柱的主体是结构柱，其单外层是用于装饰的材料，如石膏、多层板、金属板等，所以建筑柱实际是加了外层装饰层的结构柱。建筑柱可以自动继承其连接到的墙体等的构建材质，而结构柱的截面和墙的截面是各自独立的。

【实例 5-3】在轴网中绘制结构柱

①打开上一节绘制的建筑项目文件。

②在"标高 1"中绘制结构柱。在"建筑"选项卡下的"构建"面板中点击"柱"，在下拉菜单中点击"结构柱"，载入系统自带的矩形结构柱（图 5-37）。在"修改｜放置结构柱"中"载入族"。执行"结构→柱→混凝土"，选择"混凝土 - 矩形 - 柱 .rfa"（图

5-38）。

③在轴网处插入柱子，设置如图5-39所示。利用"对齐"工具，将柱与墙外边对齐（图

5-40）。对齐时先点击墙边，再点击柱子上边（图5-41、图5-42）。同理，完成柱子另一

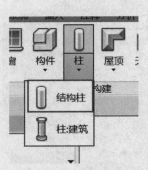

图 5-37　选择结构柱

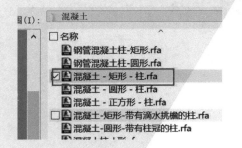

图 5-38　载入族

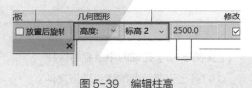

图 5-39　编辑柱高

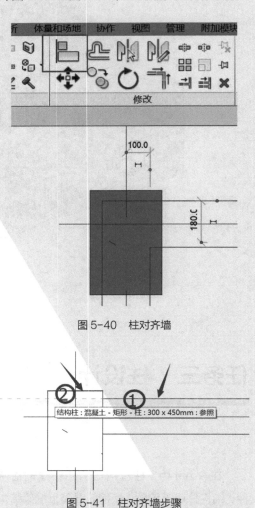

图 5-40　柱对齐墙

图 5-41　柱对齐墙步骤

Q&A:

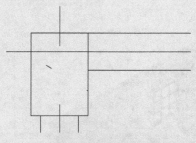

图 5-42　柱对齐后效果

侧边与墙外边的对齐（图 5-43、图 5-44）。

④用同样的方法绘制其他柱子，如图 5-45 所示。

⑤最终的三维效果如图 5-46 所示，保存文件。

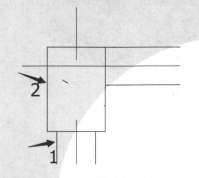

图 5-43　另一侧柱对齐墙步骤

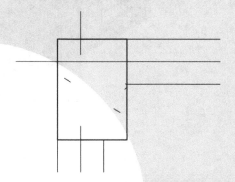

图 5-44　另一侧柱对齐后效果

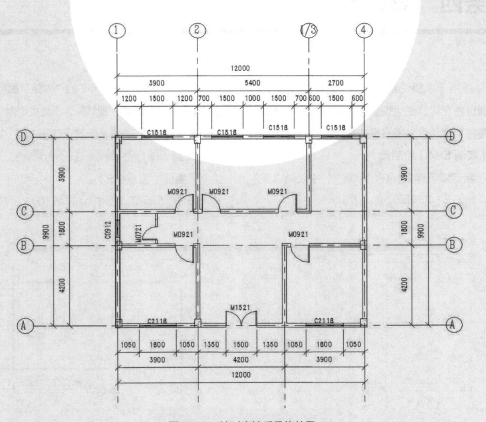

图 5-45　柱对齐墙后最终效果

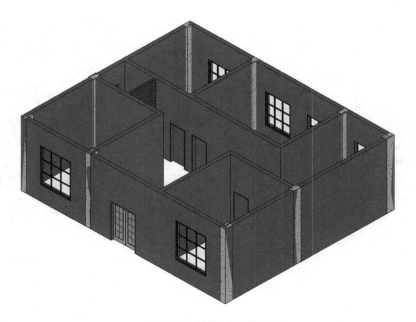

图 5-46　柱的三维视图效果

任务四　梁设计

梁是用于承重的结构图元，每个梁的图元都是通过特定梁族的类型属性定义的。我们通过修改各种类型属性来定义梁的功能。

【实例 5-4】绘制梁

①新建建筑样板，在"标高 1"中绘制以下轴网，如图 5-47 所示。

②在"建筑"选项卡下的"构建"面板中点击"墙"，选择"墙：建筑"，设置类型为"基本墙：常规 -200"，在"修改 | 放置 墙"中进行如下设置，标高：标高 1　高度：未连接 6000.0 ，绘制好墙体（图 5-48）。

③在"标高 1"中绘制结构柱。在"建

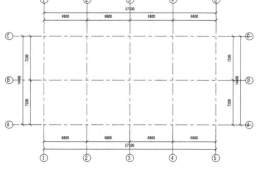

图 5-47　轴网绘制

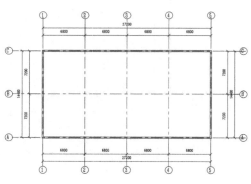

图 5-48　墙体绘制

筑"选项卡下的"构建"面板中点击"柱"，在下拉菜单中点击"结构柱"，载入系统自带的矩形结构柱，在"修改|放置 结构柱"中"载入族"。执行"结构→柱→混凝土"，选择"混凝土－矩形－柱.rfa"。

④在"放置"面板中单击"垂直柱"按钮 ，然后在选项栏上设置结构柱选项，即

☐放置后旋转　高度：　∨　标高 2　2500.0　☑房间边

⑤在"多个"面板中单击"在轴网处"按钮，然后在图形区中框选轴网，Revit自动在轴网与轴线交点位置放置结构柱（图5-49），点击"完成"按钮 完成。

⑥利用"对齐"工具将柱与墙体对齐（图5-50）。

⑦切换视图至"标高2"，在"结构"面板中单击"梁"按钮，激活"修改|放置

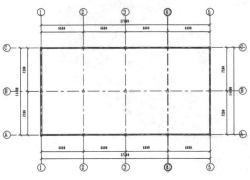

图 5-49　柱绘制效果

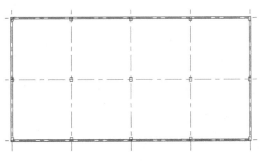

图 5-50　柱对齐墙效果

结构梁"。利用"载入族"工具，在 Revit 族库中执行"结构→框架→混凝土"，选择"混凝土－矩形梁.rfa"（图5-51）。

⑧在"属性"面板中单击"编辑类型"按钮，单击"复制"按钮，重命名为"250×500mm"，修改梁宽度为"250"，修改梁高度为"500"（图5-52）。

⑨在选项栏中设置"放置平面"为"标高：标高2"，选择"结构用途"为"大梁"，即

修改|放置 梁　　放置平面：标高：标高 2　∨　结构用途：大梁　　∨　☐三维捕捉 ☐链

⑩在"属性"面板中，选择"参照标高"为"标高2"，设置"Z轴对正"为"底"（图5-53）。

混凝土
☐名称
🗋带壁架的模板托梁.rfa
🗋混凝土 - 矩形梁.rfa
🗋混凝土 - 明沟 - 汽车坡道底部.rfa
🗋混凝土 - 明沟 - 汽车坡道顶部.rfa
🗋混凝土 - 明沟 - 自行车坡道底部.rfa
🗋混凝土 - 明沟 - 自行车坡道顶部.rfa

图 5-51　载入梁族

参数	
结构	
横断面形状	未定义
尺寸标注	
b	250.0
h	500
标识数据	

图 5-52　修改梁参数

限制条件	
参照标高	标高 2
几何图形位置	
YZ 轴对正	统一
Y 轴对正	原点
Y 轴偏移值	0.0
Z 轴对正	底
Z 轴偏移值	0.0
材质和装饰	
结构材质	<按类别>

图 5-53　修改属性参数

⑪在"标高2"楼层平面视图中,利用"直线"工具 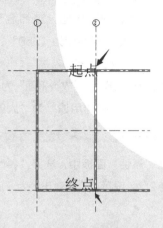 连接轴线与墙交点,自动生成结构梁(图5-54)。

⑫按照同样的方法,绘制其他的结构梁(图5-55)。

⑬最终的效果如图5-56所示,保存文件。

图5-54 绘制梁

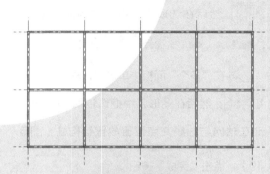

图5-55 绘制其他梁

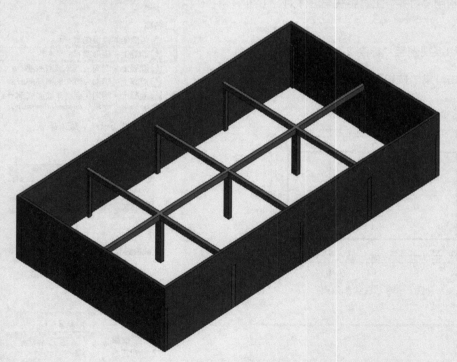

图5-56 梁的最终效果

项目六　楼板、天花板、屋顶

知识目标

①了解楼板、天花板、屋顶的构造。

②掌握楼板、天花板、屋顶的绘制方法。

③掌握楼板、天花板、屋顶的材质、参数修改方法。

能力目标

掌握楼板与屋顶的绘制方法，熟练地新建并修改楼板、天花板、屋顶的材质与参数，并能将其应用于建筑项目中。

项目情景

当绘制完墙、门、窗、柱、梁以后，我们应该为项目绘制楼板、屋顶等构件，本章将详细介绍这些构件的创建方法与建模注意事项。

任务一　楼板

Revit 提供了楼板、天花板和屋顶工具。与墙类似，楼板、天花板、屋顶都属于系统族，我们可以根据草图轮廓及类型属性定义的结构生成任意结构和形状的楼板、天花板、屋顶。

1. 楼地层的构造组成

楼地层由地坪层和楼板层组成。

地坪层是指建筑物底层与土层相接触的部分，它承受着建筑物底层的地面荷载。地坪层由面层、垫层和基层组成（图6-1）。根据需要还可以设各种附加层，如找平层、结合层、防潮层、保温层、管道铺设层等。

楼板层主要指二层及以上的楼板（图6-2），由面层、结构层和顶棚层三个基本部分组成。按照其材料分，楼板层有木楼板、砖拱楼板、钢筋混凝土楼板和压型钢板组合楼板等多种形式。根据需要也可以设置各种附加层。

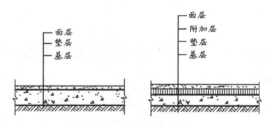

图6-1　地坪层的组成

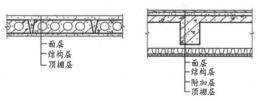

图6-2　楼板层的组成

2. 在 Revit 中绘制室内楼地层

【实例6-1】楼地层的绘制与设置

①打开项目五这一章的实例项目，选择"标高1"楼层平面视图。

②在"建筑"选项卡下的"构建"面板中选择"楼板"按钮 楼板，点击"楼板：建筑"，在"属性"面板中设置标高为"标高1"，设置"自标高的高度偏移"为"0"，取消勾选"房间边界"选项（图6-3）。点击"编辑类型"按钮，选择"复制"，修改名称为"室内地坪－150mm"，点击"确定"（图6-4）。

图6-3　修改标高

图6-4　修改名称

③点击"确定"后，继续点击"编辑"按钮，对地坪材质进行编辑，设置面层为10厚大理石、衬底为20厚水泥砂浆、结构层为150厚现场浇注混凝土、基层为200厚夯实素土（图6-5）。

④选择结构层材质，出现按钮 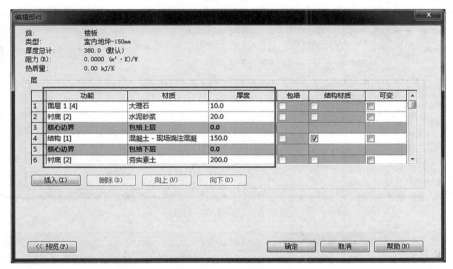（图6-6），点击按钮打开材质浏览器。

⑤进入材质浏览器界面以后，根据实际情况赋予材质，如果没有需要的材质，点击"新建材质"按钮（图6-7），生成后将其重命名为"混凝土－现场浇注混凝土"。

⑥重命名后点击 按钮进入资源浏览器界面，搜索"混凝土"，选择"混凝土－现场浇注混凝土"后的 按钮（图6-8）。

图6-5 地坪材质设置

图6-6 编辑结构层

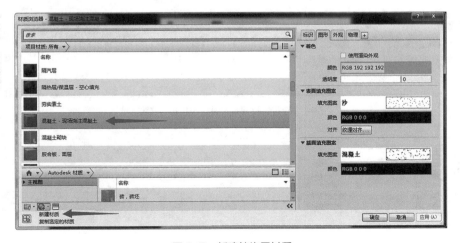

图6-7 新建结构层材质

⑦关闭资源浏览器，在材质浏览器中点击"图形"选项，勾选"使用渲染外观"，点击"应用""确定"（图6-9）。

⑧回到编辑界面后重复以上操作，逐个修改各面层材质（图6-10）。

⑨点击"确定"，回到"类型属性"对话框，再次点击"确定"，开始绘制地坪轮廓线（图6-11）。

图6-8 选择结构层材质

图6-9 设置好材质后点击"应用""确定"

	功能	材质	厚度	包络	结构材质	可变
1	面层 1 [4]	大理石	10.0	□	□	□
2	衬底 [2]	水泥砂浆	20.0	□	□	□
3	核心边界	包络上层	0.0			
4	结构 [1]	混凝土 - 现场浇注混凝土	150.0	□	☑	□
5	核心边界	包络下层	0.0			
6	衬底 [2]	夯实素土	200.0	□	□	□

图6-10 按照所给材质编辑后的地坪信息

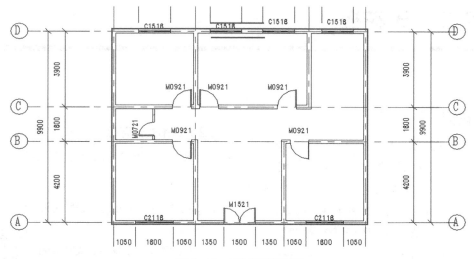

图 6-11　编辑地坪轮廓线

⑩点击 ✔ 按钮，地坪就生成了，点击"三维视图"，效果如图 6-12 所示。

⑪完成后点击保存。

⑫楼板层设置方法与地坪层的相同，在"建筑"选项卡下的"构建"面板中选择"楼板"，复制后命名为"楼板 –100mm"，编辑楼板，添加两个面层，设置上层面层为 10 厚水泥砂浆、下层面层为 5 厚石膏、结构层为 100 厚现场浇注混凝土（图 6-13）。

图 6-12　地坪最终效果

	功能	材质	厚度	包络	结构材质
1	面层 1 [4]	水泥砂浆	10.0	☐	☐
2	核心边界	包络上层	0.0		
3	结构 [1]	混凝土 - 现场浇注混凝土	100.0	☐	☑
4	核心边界	包络下层	0.0		
5	面层 1 [4]	石膏	5.0	☐	☐

图 6-13　楼板面层材质编辑

⑬楼板最终效果如图 6-14 所示。

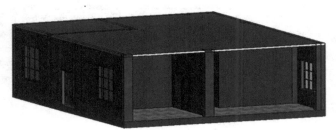

图 6-14　楼板最终效果

任务二　天花板

1. 天花板

天花板是楼板层最下层的部分，又称顶棚或者平顶，是室内装修的一部分。它又分为直接式天花板和悬吊式天花板两种（图6-15）。直接式天花板就是上一层楼板的板底，根据不同需求、不同的工艺要求，我们可选择刮腻子、喷刷涂料、贴面等不同方式对其装饰；悬吊式天花板简称吊顶，一般由吊筋、龙骨和面层组成，主要作用是隐藏各种管道和电气路线。

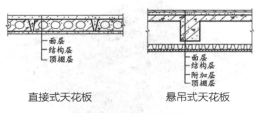

直接式天花板　　　　悬吊式天花板

图6-15　天花板的类型

2. 在 Revit 中绘制天花板

（1）直接式天花板

直接式天花板的装饰方法是直接在楼板底进行装饰，可以用石灰膏粉刷，也可用墙漆涂抹。如本章任务一中的楼板就是直接式天花板。

（2）悬吊式天花板

Revit"建筑"选项卡下"构建"面板中的 按钮实际上指的是悬吊式天花板。

【实例6-2】悬吊式天花板的绘制

①以本章任务一的模型为例，打开建筑项目，打开二层平面图。

②选择"建筑"选项卡下"构建"面板中的"天花板"按钮，将出现"自动创建天花板"按钮 和"绘制天花板"按钮 （图6-16）。

③将标高设置为"标高2"，自标高的高度偏移改为"-500"，取消勾选"房间边界"选项，点击"自动创建天花板"按钮，再点击需要生成天花板的位置，即可生成天花板。

绘制天花板与绘制楼板一样，点击"绘制天花板"按钮直接绘制边界线，绘制完毕点击

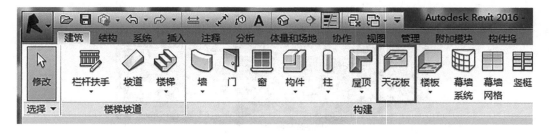

图6-16　在"建筑"选项卡下的"构建"面板中选择"天花板"

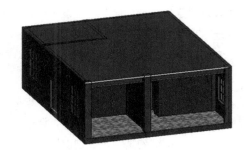

图6-17 天花板最终效果

按钮即可。但是注意绘制时不能直接绘制整层,有墙体分隔的地方需要断开,且天花板边界线不可以绘制到墙体中。一般绘制悬吊式天花板可直接点击"自动生成天花板"。

④绘制完成后,天花板在平面图中并不可见,转到三维视图,最终效果如图6-17所示。绘制完成后点击"保存"。

任务三　屋顶

1. 屋顶

屋顶主要是由屋面层、承重结构、保温层(或隔热层)和顶棚四部分组成的。屋顶的外形各有不同,常见的有平屋顶、坡屋顶以及曲面屋顶等。

2. 在 Revit 中绘制屋顶

Revit 中共有三种绘制屋顶的方法:迹线屋顶、拉伸屋顶以及面屋顶。

(1)迹线屋顶

一般用 Revit 绘制屋顶时,我们选择迹线屋顶。迹线屋顶能够用来绘制平屋顶和坡屋顶,平屋顶的绘制方式与楼板的相同,坡屋顶的绘制则是在平屋顶的基础上添加了坡度。

【实例6-3】绘制迹线屋顶

①在 Revit 中打开"建筑"选项卡,找到"屋顶"按钮,选择"迹线屋顶"。

②在"属性"面板中点击"编辑类型",点击"复制"并修改名称,可以根据实际需求

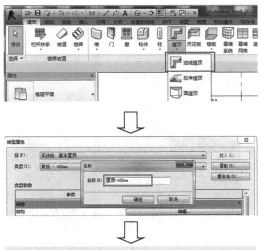

图6-18 迹线屋顶设置

添加面层与材质,完成后点击"直线"工具 ✏，开始绘制边界线(图6-18)。

③按照平面图绘制边界线后,根据平面图坡度提示为需要设置坡度的边界线设置坡度。选择需要设置坡度的边界线,在"属性"面

板中勾选"定义屋顶坡度"，设置坡度，点击"确定"即可生成。

【实例6-4】控制坡的方向

下面，我们学习如何控制坡的方向。

①绘制一个长12000、宽9000的矩形边界线（因为屋顶是默认定义坡度），选择左右两条边界线，取消勾选"定义坡度"，上下两条边界线不做修改（图6-19）。

图6-19　设置上下两条边界线的角度

②点击 ✔ 铵钮，生成的屋顶如图6-20所示。

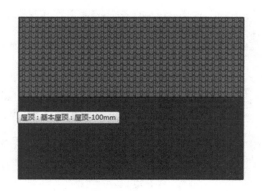

图6-20　设置上下两条边界线角度的坡屋顶效果

③点击这个坡屋顶，再选择"复制"按钮 🔄，复制一个屋顶。双击复制的屋顶进入编辑模式，选择上下两条边界线，取消勾选"定义坡度"，再选择左右两条边界线，选择"定义坡度"（图6-21）。

④点击 ✔ 按钮，生成的屋顶如图6-22所示。

⑤复制屋顶，双击复制后的屋顶进入编辑模式，选择所有边界线，勾选"定义坡度"

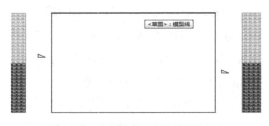

图6-21　设置左右两条边界线的角度

图6-22　设置左右两条边界线角度的坡屋顶效果

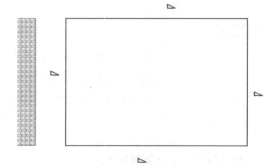

图6-23　设置所有边界线的角度

（图6-23）。

⑥点击 ✔ 按钮，生成的屋顶如图6-24所示。

通过对不同方向边界线的坡度设置，我们了解到了屋顶起坡的方法。

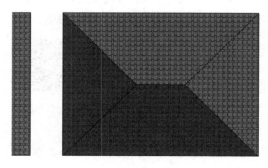

图6-24　设置所有边界线角度的坡屋顶效果

【实例6-5】复杂坡屋顶的绘制

接下来，我们绘制一个混合型的坡屋顶，如图6-25所示。

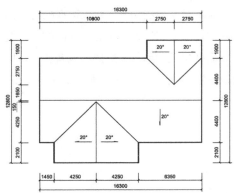

图6-25　坡度为20°的混合型坡屋顶

①我们可将此屋顶看为三个部分，如图6-26所示。

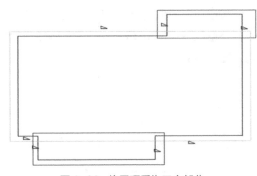

图6-26　将屋顶看为三个部分

②选择每一部分需要起坡的边界线，设置坡度，点击 ✔ 按钮生成屋顶（图6-27）。

（2）拉伸屋顶

拉伸屋顶是指通过拉伸绘制的轮廓来创建屋顶。

【实例6-6】拉伸屋顶的绘制

①在"建筑"选项卡下的"构建"面板中点击"屋顶"，选择"拉伸屋顶"，如图6-28所示。

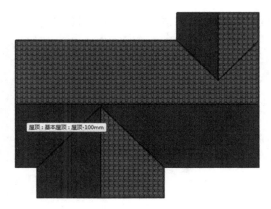

图6-27　生成后的混合坡屋顶最终效果

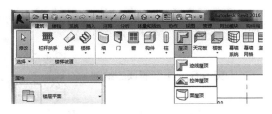

图6-28　在"建筑"选项卡下的"构建"面板中选择"拉伸屋顶"

②点击"拉伸屋顶"后会出现"工作平面"对话框，选择"拾取一个平面"（图6-29）。

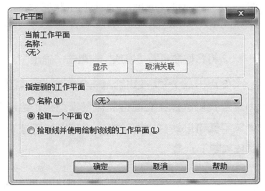

图6-29　选择绘制屋顶轮廓线的平面

③点击"确定"后，根据项目情况选取平面，在这里我们点击纵墙，出现"转到视图"对话框，选择东立面，双击打开视图，选择实际标高，根据实际情况修改面层与材质，即可绘制轮廓线。

④点击 ✔ 按钮完成绘制（图6-30）。

图6-30　拉伸斜屋顶最终效果

（3）面屋顶

面屋顶是通过非平面的体量模型生成的屋顶，所以绘制面屋顶时先要绘制体量。

【实例6-7】面屋顶的绘制

①在"体量与场地"选项卡下的"概念体量"面板中选择"内建体量"（图6-31）。

图6-31　在"体量与场地"选项卡下的"概念体量"面板中选择"内建体量"

②将名称命名为"屋顶"，点击"确定"。

③点击 **平面** 按钮绘制一个参照平面（因为这里我们选择在立面绘制体量模型线，绘制参照平面可以转到立面绘制，也可以利用墙来转换视图）。

Q&A:

④点击 **设置** 按钮，选择"拾取一个平面"，点击"确定"以后点选参照平面（因为绘制的参照平面是竖向的，所以我们选择的立面为东和西；如果绘制的参照平面是横向的，所选择的立面就是北和南），选择东或者西都可以，再双击打开视图，绘制的体量轮廓线如图6-32所示。

图6-32　绘制的体量轮廓线

⑤选择模型线，执行"创建形状→实心形状"，点击"完成体量"。在"体量和场地"选项卡下的"面模型"面板中选择"屋顶"按钮，可以自己设置屋顶的材质与面层后再选择体量，修改好后选中体量，再点击创建屋顶即可（图6-33、图6-34）。

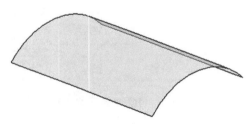

图6-33　弧形体量效果

图6-34　弧形体量生成的弧形屋顶

注：面屋顶是根据体量的形状生成的，所以想要什么形状的屋顶，就要先绘制什么样的体量。

项目七　楼梯、扶手、坡道

知识目标

①掌握楼梯的创建和编辑方法。

②掌握扶手的创建、编辑和优化方法。

③掌握坡道的创建方法。

能力目标

灵活创建楼梯、扶手、坡道，并能进行模型优化。

项目情景

本章主要讲解楼梯、扶手和坡道的创建方法。其中，楼梯和坡道的创建方法类似，均可通过绘制梯段生成楼梯或坡道图元；扶手可以随着楼梯、坡道的创建自动生成，也可以作为独立构件添加到主体中。

任务一　楼梯

楼梯是建筑中各楼层间的主要交通设施，是建筑设计中一个非常重要的构件，其形式多样，有直行单跑楼梯、直行多跑楼梯、平行双跑楼梯等。Revit 中有两种绘制楼梯的方式：按构件绘制和按草图绘制。按草图绘制的楼梯比按构件绘制的楼梯修改起来更加灵活。

1. 创建直行多跑楼梯

【实例 7-1】直行多跑楼梯的创建及使用

① 打开本例源文件"项目七源文件1.rvt"，在项目浏览器中双击"结构平面"项下的"-1F-1"，打开"-1F-1"平面视图。

② 执行"建筑→楼梯坡道→楼梯（按草图）"命令，进入绘制草图模式（图 7-1）。

③ 在"属性"面板中先选择楼梯类型为"室外楼梯"，设置楼梯的"底部标高"为"-1F-1"，设置"顶部标高"为"F1"，设置"宽度"为"1150"，设置"所需踢面数"

为"20"，设置"实际踏板深度"为"280"（图 7-2）。

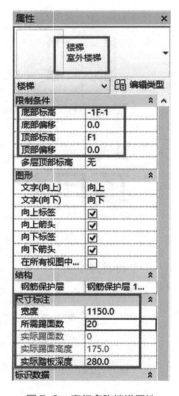

图 7-2　直行多跑楼梯属性

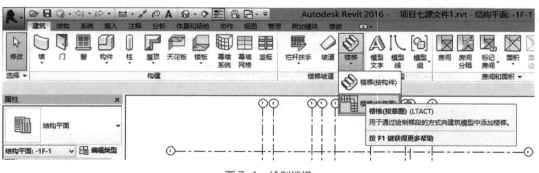

图 7-1　绘制楼梯

图7-3 按梯段绘制

④在"绘制"面板中单击"梯段"命令按钮，选择"直线" 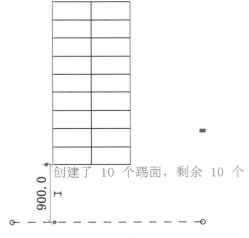 绘图模式（图7-3），在建筑外单击一点作为第一跑起点。垂直向下移动光标，直到显示"创建了 10 个踢面，剩余 10 个"时，单击鼠标左键捕捉该点作为第一跑终点，创建第一跑草图。按 "Esc"键结束绘制命令。

⑤在"工作平面"面板中单击"参照平面"按钮，在草图下方绘制一水平参照平面作为此处的辅助线，改变临时尺寸距离为900（图7-4）。

创建了 10 个踢面，剩余 10 个

图7-4 改变临时尺寸距离

⑥继续选择"梯段"命令，移动光标至水平参照平面上与梯段中心线延伸相交位置，当参照平面亮显并提示"交点"时，单击捕捉交点作为第二跑起点位置。向下垂直移动光标到矩形预览框之外单击鼠标左键，创建剩余的踢面，结果如图 7-5 所示。点击"模式"面板上的 ✓ 按钮完成编辑模式，完成楼梯绘制并自动

生成楼梯扶手。

⑦进入"F1"楼层平面视图，选择刚绘制的楼梯，单击工具栏中的"移动"命令按钮，将楼梯移动到"5 轴外墙－饰面砖"外边缘位置（图7-6）。

Q&A:

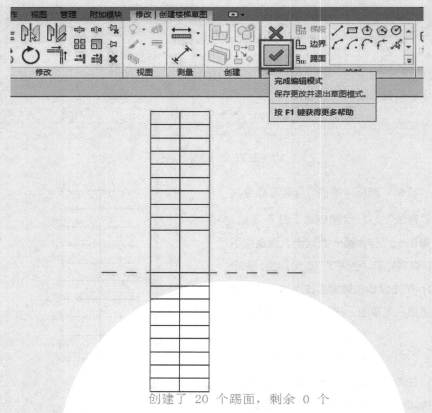

创建了 20 个踢面，剩余 0 个

图 7-5　创建剩余的踢面

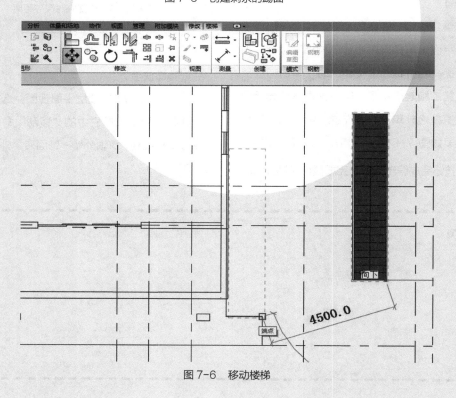

4500.0

端点

图 7-6　移动楼梯

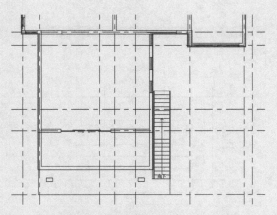

图 7-7　楼梯最终效果（平面）

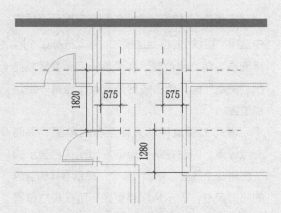

图 7-9　绘制参照平面

④楼梯实例参数设置：在楼梯"属性"面板中选择楼梯类型为"整体式楼梯"，设置楼梯的"底部标高"为"-1F"，设置"顶部标高"为"F1"，设置梯段"宽度"为"1150"，设置"所需踢面数"为"20"，设置"实际踏板深度"为"260"（图 7-10）。

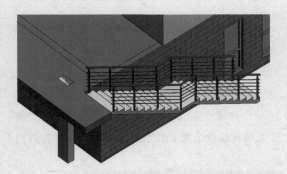

图 7-8　楼梯最终效果（三维）

⑧结果如图 7-7、图 7-8 所示。

2. 创建平行双跑楼梯

【实例 7-2】平行双跑楼梯的创建及使用

①打开本例源文件"项目七源文件 2.rvt"，在项目浏览器中双击"结构平面"项下的"-1F"，打开"-1F"平面视图。

②执行"建筑→楼梯坡道→楼梯（按草图）"命令，进入绘制草图模式。

③绘制参照平面：单击"工作平面"面板中的"参照平面"按钮，在地下一层楼梯间绘制四个参照平面，并用临时尺寸精确定位参照平面与墙边线的距离（图 7-9）。

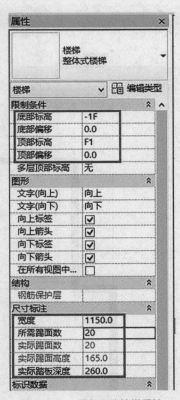

图 7-10　平行双跑楼梯属性

⑤单击 "梯段"命令按钮，在默认选项栏中选择"直线" 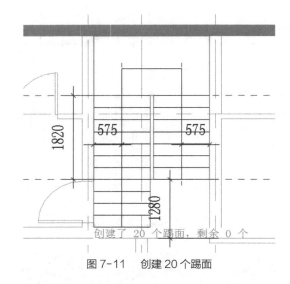 绘图模式，移动光标至参照平面右下角交点位置，两个参照平面亮显并提示"交点"时，单击捕捉该交点作为第一跑起点位置。

⑥向上垂直移动光标至右上角参照平面交点位置，同时在第一点下方出现灰色显示的"创建 8 个踢面，剩余 12 个"提示字样和蓝色的临时尺寸，表示从起点到光标所在尺寸位置创建了 8 个踢面，剩余 12 个。单击捕捉该交点作为第一跑终点位置，自动绘制第一跑踢面和边界草图。

⑦移动光标到左上角参照平面交点位置，单击捕捉该交点作为第二跑起点位置。向下垂直移动光标到矩形预览图形之外单击捕捉一点，系统会自动创建休息平台和第二跑梯段草图。单击选择楼梯顶部的绿色边界线，用鼠标

图 7-11 创建 20 个踢面

拖曳使其和顶部墙体内边界重合（图 7-11）。

⑧单击 ✔ 按钮完成创建。

注意：完成楼梯绘制后，应新建剖面图查看楼梯绘制结果（图 7-12），若扶手没有落到

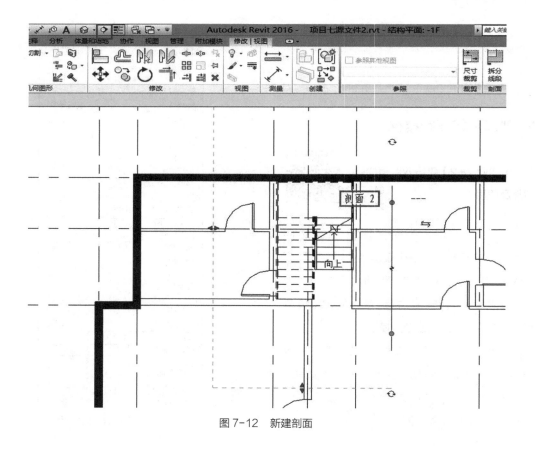

图 7-12 新建剖面

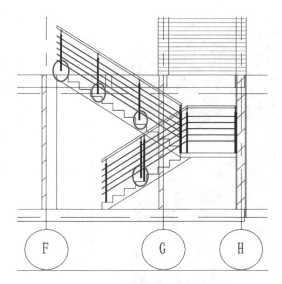

图 7-13 楼梯剖面（修改前）

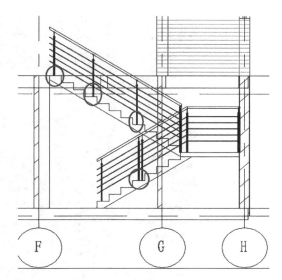

图 7-14 楼梯剖面（修改后）

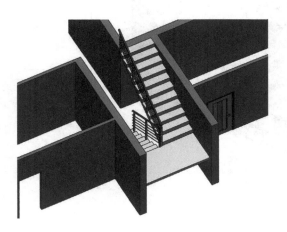

图 7-15 楼梯三维效果

图 7-16 设置多层顶部标高

楼梯踏步上（图 7-13），可以在视图中选择此扶手并单击鼠标右键，选择"翻转方向"命令，扶手则自动调整而落到楼梯踏步上，结果如图 7-14 所示。

⑨将靠墙侧的扶手删掉，在三维视图中查看楼梯绘制效果（图 7-15）。

⑩在"-1F"平面视图中选择创建好的楼梯，在"属性"面板中设置参数"多层顶部标高"为"2F"（图 7-16）。

⑪单击"确定"后，即可自动创建其余楼层楼梯和扶手（图 7-17）。

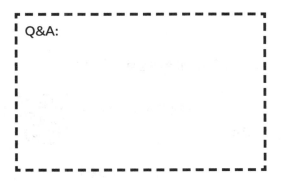

Q&A:

图 7-17 多层双跑楼梯效果

任务二 扶手

1. 通过绘制路径创建扶手

【实例 7-3】通过绘制路径创建扶手

①打开本例源文件"项目七源文件 3. rvt",

进入"F1"平面视图，执行"建筑→楼梯坡道→栏杆扶手→绘制路径"命令（图 7-18）。

②在"属性"面板中选择"栏杆→金属立杆"类型，然后利用"直线"命令在阳台上沿着楼板边界顺时针绘制扶手路径（图 7-19）。

图 7-18　"绘制路径"按钮

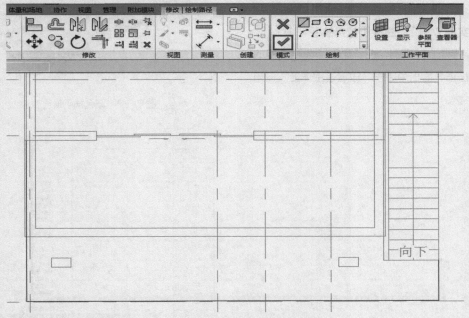

图 7-19　扶手路径

③单击 ✔ 按钮，完成阳台扶手的创建（图 7-20）。

注意：如果发现绘制出的扶手超出楼板边界（图 7-21），点击"翻转栏杆扶手方向"图标即可修正。

④用同样的方法创建另一段扶手，效果如

图 7-20　阳台扶手效果

图 7-21　翻转栏杆扶手方向

图 7-22 所示。

注意：如果在编辑路径时将两段扶手一起绘制，点击 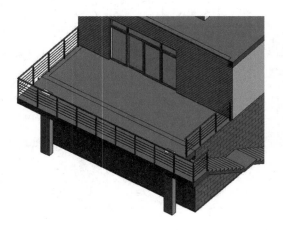 按钮时将会出现如图 7-23 所示错误，因此应一段一段分开绘制扶手。

2. 在主体上放置扶手

"放置在主体上"工具主要用来添加在楼梯和坡道上的扶手。

【实例 7-4】在主体上放置扶手

①继续上一案例，在"建筑"选项卡下的"楼梯坡道"面板中单击"放置在主体上"按钮（图 7-24）。

图 7-22　阳台扶手最终效果

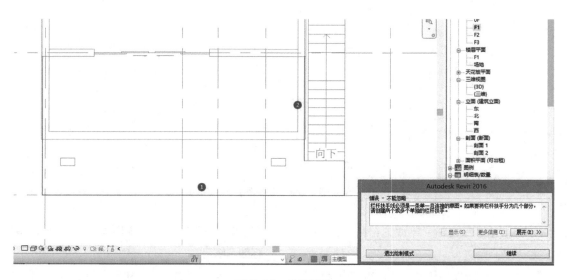

图 7-23　错误提示

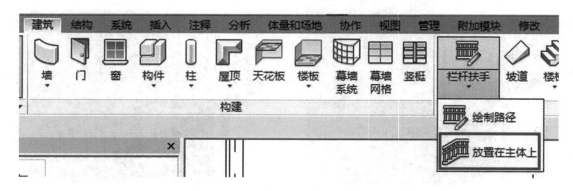

图 7-24　"放置在主体上"按钮

②在"属性"面板中选择"栏杆→金属立杆"类型，然后单击楼梯构件模型，随后 Revit 会自动识别楼梯踏步，并完成扶手的添加（图 7-25、图 7-26）。

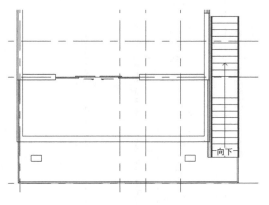

图 7-25　楼梯扶手效果（平面）

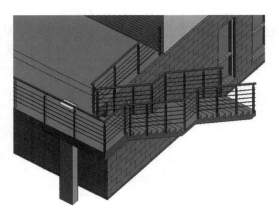

图 7-26　楼梯扶手效果（三维）

3. 扶手的绘制优化

上一实例中创建的楼梯外侧扶手与阳台扶手是错开的，因此需要进行优化（图 7-27）。

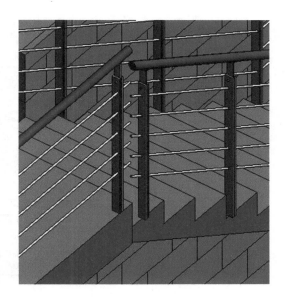

图 7-27　需要优化的位置

【实例 7-5】扶手的绘制优化

①进入"F1"平面视图，选择楼梯外侧扶手，点击"修改 | 栏杆扶手"面板中的"编辑路径"（图 7-28）。

②在绘制模式下，在楼梯外侧扶手与阳台扶手接头处重新绘制扶手路径（图 7-29）。

Q&A:

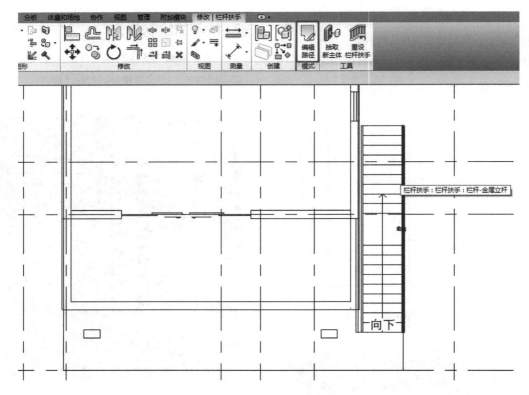

图 7-28　编辑路径

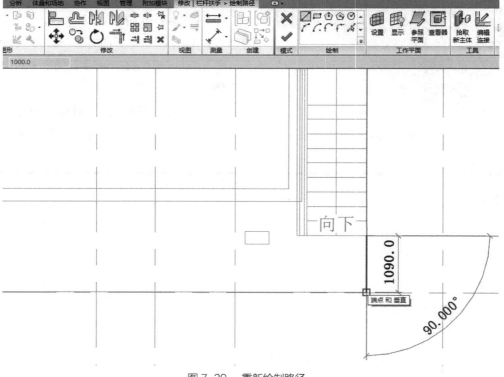

图 7-29　重新绘制路径

③最终修改后的阳台扶手和楼梯扶手如图7-30、图7-31所示。

④用同样的方法优化内侧的楼梯扶手和阳台扶手路径（图7-32、图7-33）。

⑤在阳台扶手与楼梯内侧扶手连接处可用"相切→端点弧"命令做圆弧连接处理（图

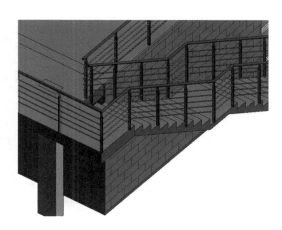

图 7-31 优化后的效果（三维）

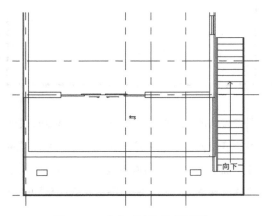

图 7-30 优化后的效果（平面）

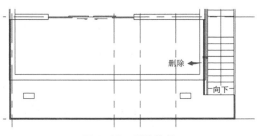

图 7-32 删除路径

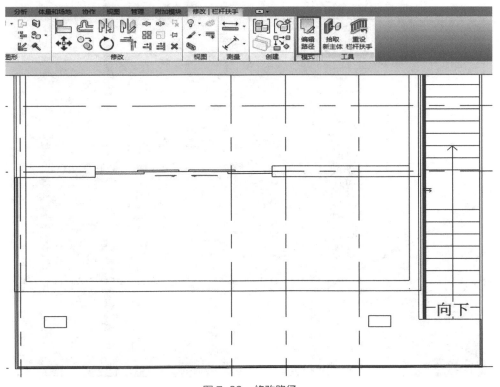

图 7-33 修改路径

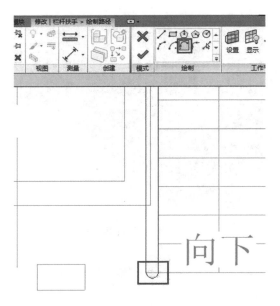

图 7-34　路径的圆弧连接

7-34）。

⑥完成后效果如图 7-35 所示。此时可

Q&A:

见连接处的扶手处是扭曲的，因而需要修改扶手的连接方式。选中这一段扶手，然后在"属性"面板中单击"编辑类型"按钮打开"类型属性"对话框，将"使用平台高度调整"的选

图 7-35　圆弧连接的扶手效果

项设置为"否"（图7-36）。

⑦修改后连接处的问题就解决了（图7-37）。

⑧扶手创建与优化后的最终效果如图7-38所示。

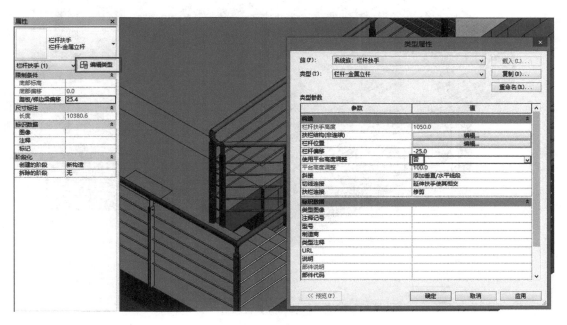

图 7-36　修改扶手的连接方式

图 7-37　优化后的圆弧连接扶手效果

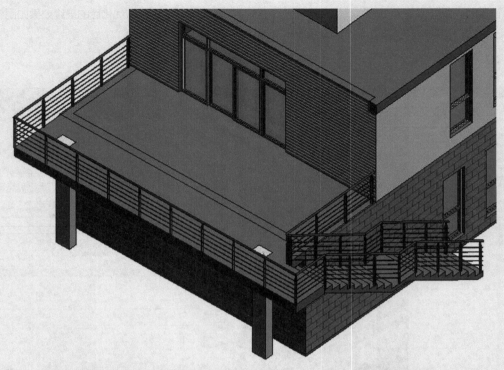

图 7-38　扶手的最终效果

任务三　坡道

Revit 坡道创建方法和楼梯命令非常相似，本节简要进行讲解。

1. 用"坡道"命令创建坡道

【实例 7-6】用"坡道"命令创建坡道

①打开文件"项目七源文件 4.rvt"，进入"-1F-1"平面视图。

②执行"建筑→楼梯坡道→坡道"命令，进入绘制模式（图 7-39）。

③在"属性"面板中设置"底部标高"和"顶部标高"都为"-1F-1"，设置"顶部偏移"为"200"，设置"宽度"为"4000"（图 7-40）。

④单击"编辑类型"按钮打开坡道"类型属性"对话框，设置"最大斜坡长度"为"6000"，设置"坡道最大坡度（1/X）"

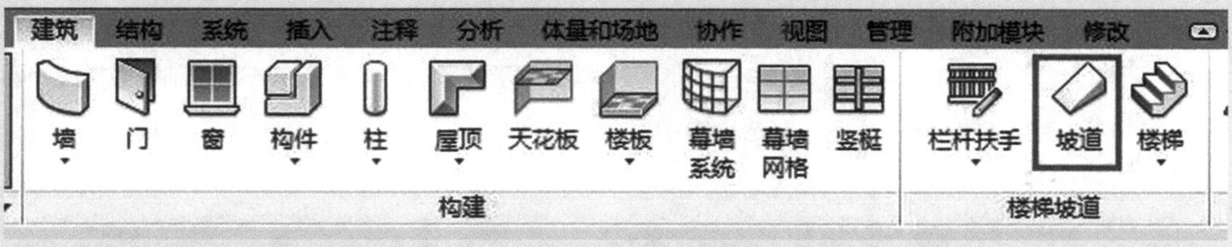

图 7-39　绘制坡道

图 7-40　设置坡道属性

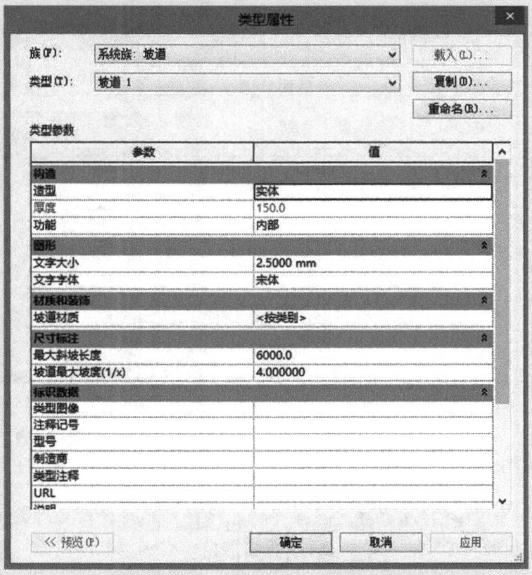

图 7-41　设置坡道类型属性

为“4”，设置“造型”为“实体”（图 7-41）。设置完成后单击“确定”关闭“类型属性”对话框。

⑤执行“工具→栏杆扶手”命令，设置

Q&A:

"扶手类型"参数为"无",单击"确定"（图7-42）。

⑥执行"绘制→梯段"命令，在选项栏中

选择"直线"工具，移动光标到绘图区域中，在图示位置从右向左拖曳光标绘制坡道梯段（图7-43）。

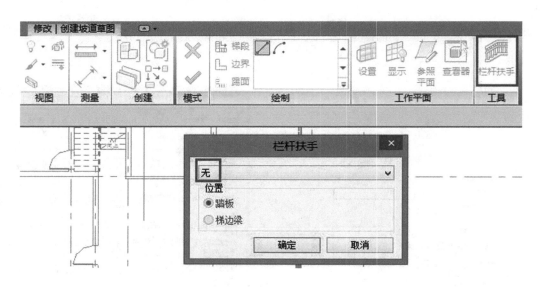

图7-42 栏杆扶手设置

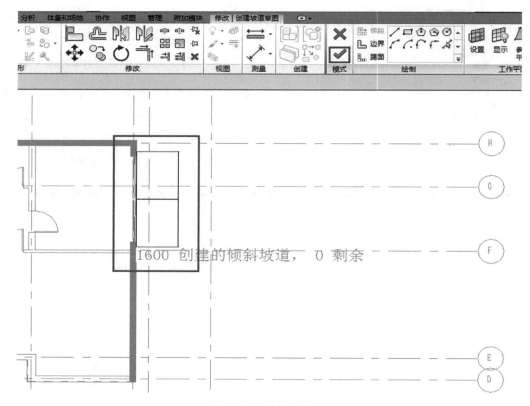

图7-43 创建坡道草图

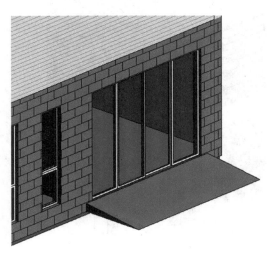

图 7-44 坡道绘制效果（平面）

图 7-45 坡道绘制效果（三维）

⑦单击 ✔ 按钮完成设置，创建的坡道如图 7-44、图 7-45 所示。

2. 用"楼板"命令创建坡道

前述"坡道"命令不能用来创建两侧带边坡的坡道，本例介绍使用"楼板"命令来创建两侧带边坡的坡道。

【实例 7-7】用"楼板"命令创建坡道

①接上节练习，打开"-1F-1"平面视图。单击"楼板"，选择"直线"命令，在右下角入口处绘制如图 7-46 所示的楼板轮廓。

②完成后选中创建好的楼板，在"修改 | 楼板"选项卡的"形状编辑"面板中点击"添加分割线"工具（图 7-47），楼板边界变成绿色

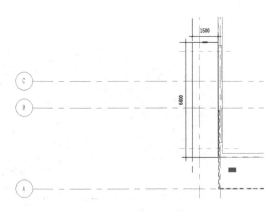

图 7-46 楼板轮廓

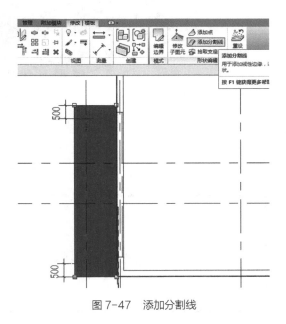

图 7-47 添加分割线

虚线显示。如图 7-48 所示，在上下角部位置各
绘制一条蓝色分割线，将板的现有面分割成更
小的子区域。

　　③单击靠墙侧的楼板边界线，出现临时相
对高程值（默认为 0），单击文字输入"200"
后按"Enter"键，将该边界线相对其他线条抬
高 200mm。

　　④完成后按"Esc"键结束编辑命令，平
楼板变为两侧带边坡的坡道，结果如图 7-49
所示。

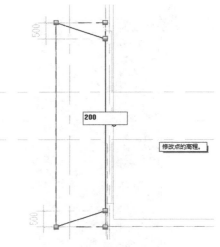

图 7-48　分割线与点高程

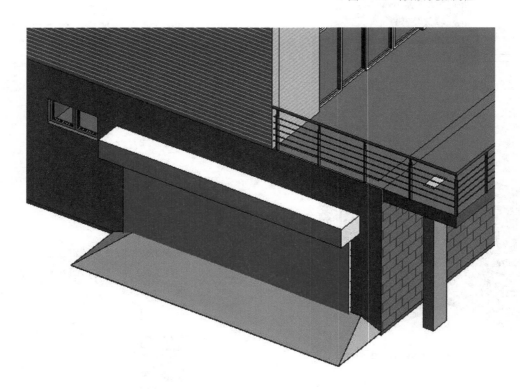

图 7-49　两侧带边坡的坡道最终效果

Q&A:

BIM建模与设计
BIM MODELING
AND DESIGN
建筑基础构建部分

项目八　散水、场地

知识目标

①掌握散水的绘制方法。

②掌握地形表面的添加方法。

③掌握建筑地坪的添加方法。

能力目标

能够为建筑添加散水和场地。

项目情景

构建完建筑主体部分后，要使模型完整，应该再添加室外的散水和场地，因此本章详细介绍散水、场地的创建方法及建模注意事项等。

任务一　散水

散水是指房屋外墙四周的勒脚处（室外地坪上）用片石砌筑或用混凝土浇注的有一定坡度的构造。散水的作用是迅速排走勒脚附近的雨水，避免雨水冲刷或渗透到地基，防止基础下沉，以保证房屋牢固耐久。散水宽度一般不应小于80cm，当屋檐较大时，散水宽度要随之增大，以便屋檐上的雨水都落在散水上迅速排散。

【实例 8-1】用楼板创建散水

①打开文件"项目八源文件 1.rvt"，进入"-1F-1"楼层平面视图。

②在"建筑"选项卡下的"构建"面板中点击"楼板"命令按钮进入绘制楼板模式，在"属性"面板（图 8-1）中选择"楼板：常规-150"，用"直线"命令根据图 8-2 所示的散水轮廓绘制楼板，然后点击 ✔ 按钮完成楼板的创建。

③选择创建好的楼板，在其"类型属性"对话框中编辑楼板结构，勾选"可变"复选框（图 8-3、图 8-4）。

Q&A:

图 8-1　楼板属性

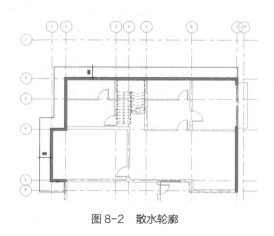

图 8-2　散水轮廓

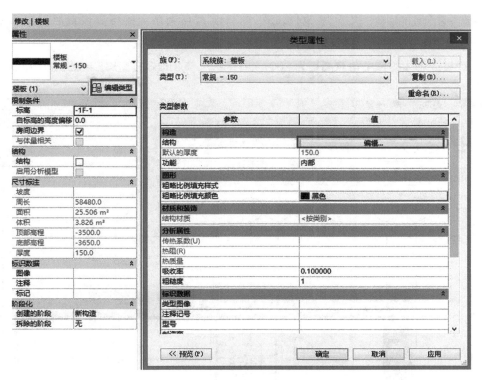

图 8-3　楼板的类型属性

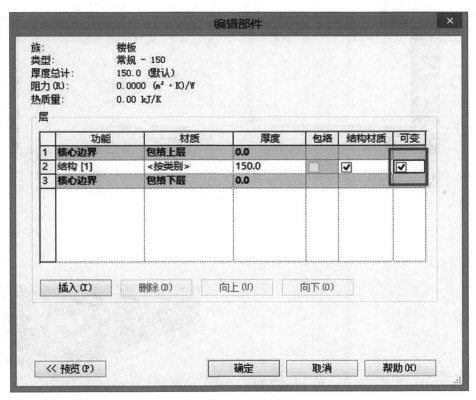

图 8-4　编辑楼板部件

④选中刚创建的楼板，执行"修改 | 楼板"选项卡下的"修改子图元"命令（图8-5），依次修改靠近墙体的每个角点高程为200，完成所有角点的标高设置后退出命令（图8-6）。

⑤创建好的散水效果如图8-7所示。

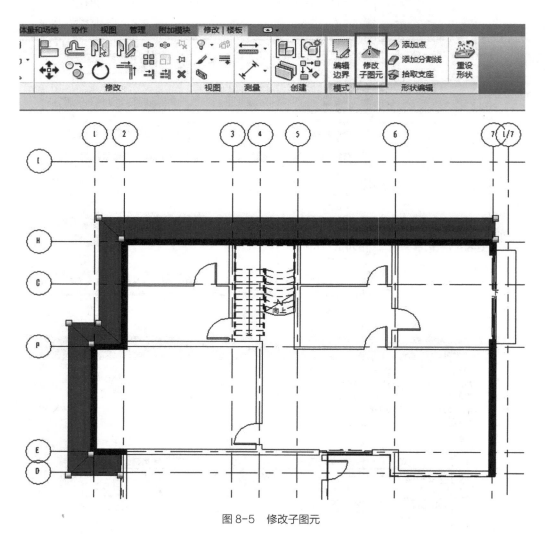

图8-5　修改子图元

图8-6　修改角点的高程

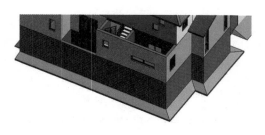

图8-7　散水最终效果

任务二　场地

使用 Revit 提供的"场地"工具可以为项目创建场地三维地形模型、地形表面、建筑地坪等构件。

1. 场地的设置

【实例 8-2】场地的设置

单击"体量与场地"选项卡中"场地建模"面板下拉菜单中的"场地设置"按钮，弹出"场地设置"对话框（图 8-8），在对话框中可对等高线间隔、经过高程、附加等高线、剖面填充样式、基础土层高程、角度显示等参数进行设置。

2. 地形表面的设置

地形表面是建筑场地地形或地块地形的图形表示。默认情况下，楼层平面视图不显示地

图 8-8　场地设置

形表面。我们可以在三维视图或专用的场地视图中创建。

【实例8-3】放置高程点构建地形表面

①打开文件"项目八源文件2.rvt"，在项目浏览器中展开"楼层平面"项，双击视图名称"场地"，进入场地平面视图。

②为了便于捕捉，在场地平面视图中根据绘制地形的需要，绘制6个参照平面（图8-9）。

③下面将捕捉6个参照平面的8个交点A~H，通过创建地形高程点来设计地形表面。

a.执行"体量和场地→场地建模→地形表面"命令，使光标回到绘图区域，进入绘制草图模式。

b.执行"放置点"命令，选项栏显示"高程"选项 高程 0.0 | 绝对高程 ，将光标移至高程数值"0.0"上双击，即可设置新值，输入"-450"按"Enter"键完成高程值的设置。

c.移动光标至绘图区域，依次单击图8-10中所示A、B、C、D四点，即放置了4个高程为-450的点，此时便形成了以该四点为端点的高程为-450的地形平面。

d.再次将光标移至选项栏，双击"高程"值

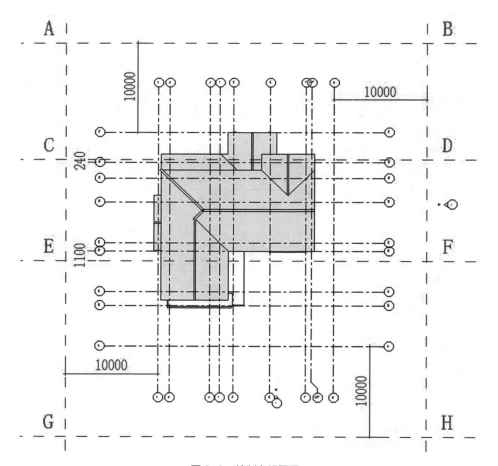

图8-9　绘制参照平面

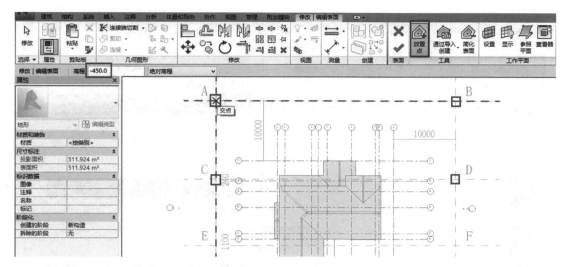

图 8-10　地形高程点

"-450"，设置新值为"-3500"，按"Enter"键完成设置。使光标回到绘图区域，依次单击 E、F、G、H 四点，放置 4 个高程为 -3500 的点。

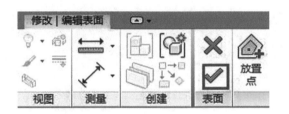

图 8-11　完成地形表面创建

e.8 个高程点都设置好之后，点击 ✔ 按钮完成地形表面创建（图 8-11）。

④进入三维视图模式，选中刚创建好的地形，在左侧的"属性"面板中单击"按类别"后的矩形"浏览"图标（图 8-12），此时打开了图 8-13 所示材质浏览器，在左侧材质中单击

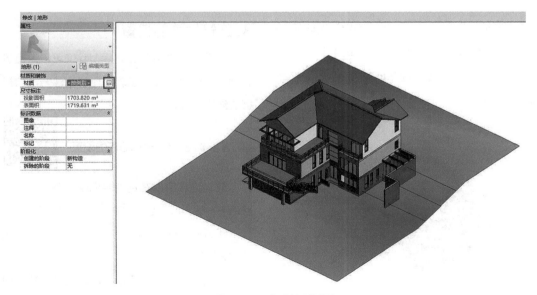

图 8-12　修改地形材质

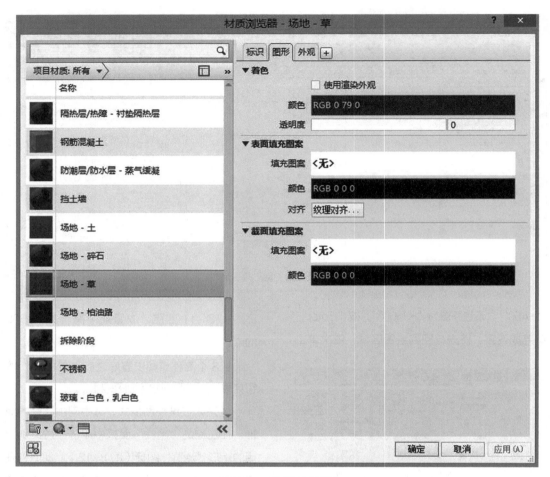

图 8-13　设置地形材质

选择"场地 – 草"材质，单击"确定"关闭所有对话框。此时给地形表面添加了草地材质。

⑤单击 ✔ 按钮则创建了地形表面，效果如图 8-14 所示。

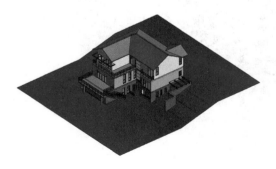

图 8-14　地形表面最终效果

3. 建筑地坪的设置

在创建完地形表面之后，我们可以沿建筑轮廓创建建筑地坪。建筑地坪的创建方法与楼板的创建方法类似。

【实例 8-4】建筑地坪的设置

建筑地坪可以在场地平面中绘制，为了参照地下一层外墙，也可以在"–1F"平面绘制。

①打开文件"项目八源文件 3.rvt"，进入"–1F"平面视图。

②执行"体量和场地→场地建模→建筑地坪"命令，进入建筑地坪的草图绘制模式。

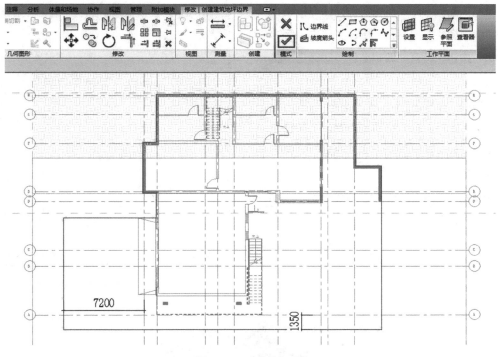

图 8-15　建筑地坪轮廓

③执行"绘制→直线"命令，移动光标到绘图区域，开始顺时针绘制建筑地坪轮廓（图8-15），必须保证轮廓线闭合。绘制好后点击✔按钮完成建筑地坪创建。

④选中刚创建好的建筑地坪，在"属性"面板中选择标高为"-1F-1"（图8-16）。点

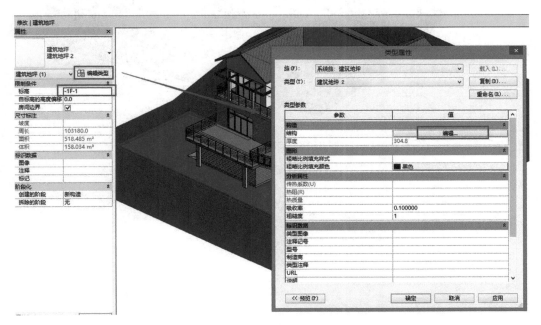

图 8-16　建筑地坪属性

击"属性"面板中的"编辑类型"命令按钮，打开"类型属性"对话框，单击"结构"后的"编辑"按钮，打开"编辑部件"对话框（图8-17）。

⑤单击"结构［1］"层"材质"后面的矩形"浏览"图标，打开材质浏览器，在左侧选择材质"场地－碎石"后单击"确定"，关闭所有对话框。

⑥单击 ✔ 按钮则创建了建筑地坪，效果如图8-18所示。

图8-17　编辑建筑地坪部件

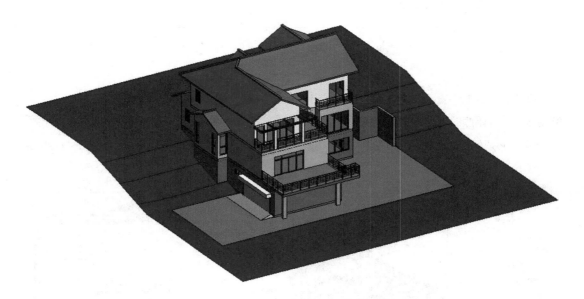

图8-18　建筑地坪最终效果

9

项目九　建筑模型综合案例
——教学楼

知识目标

①掌握建立综合模型的方法。

②了解建模软件的特点。

能力目标

掌握建筑模型建立的步骤和方法，并将其应用到实际案例中。

项目情景

本章主要结合实际图纸建立综合建筑模型。

任务一　绘制标高、轴网

标高是用来反映建筑构件在高度方向上的定位情况的。因此，在建立综合案例模型时，我们先对本项目的标高信息做出定位。

1. 绘制标高

①启动 Revit，新建文件，选择建筑样板（图 9-1）。

图 9-1　新建项目

②展开项目浏览器，选择"立面（建筑立面）"，打开南立面。视图中显示默认标高，我们要按照案例图纸修改标高（图 9-2）。

2. 绘制轴网

①在项目浏览器中展开楼层平面，双击"1F"平面视图（图 9-3）。

②点击"建筑"选项卡下"基准"面板中的"轴网"工具，按照案例图纸绘制轴网（图 9-4）。

图 9-2　案例标高

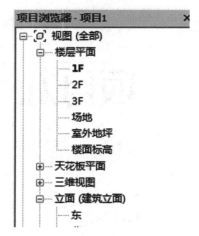

图 9-3　案例项目浏览器

Q&A:

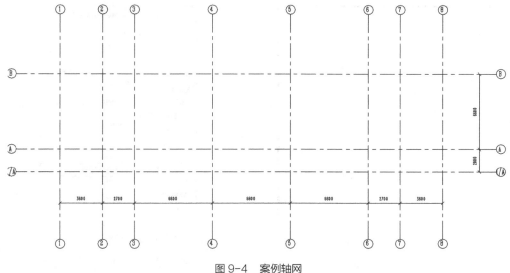

图 9-4　案例轴网

任务二　绘制首层墙体

打开"1F"楼层平面视图，单击"建筑"选项卡下"构建"面板中的"墙"，选择"墙：建筑"。

①单击"属性"，在"属性"面板中点击"编辑类型"，打开"类型属性"对话框，按照综合案例信息编辑墙体的属性：外墙厚200mm，内墙厚200mm，墙体材料为混凝土。

②按图纸信息绘制墙体（图9-5）。

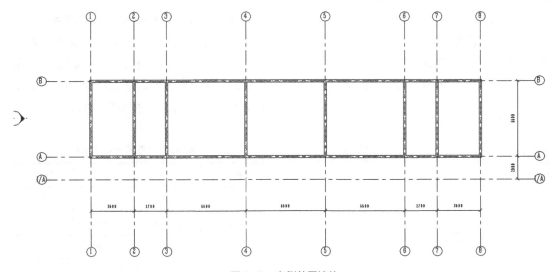

图 9-5　案例首层墙体

Q&A:

③绘制完成后，选择全部墙体，在"属性"面板中修改首层墙体属性（图9-6）。

图9-6　首层墙体属性

任务三　绘制首层门窗

打开"1F"楼层平面视图，单击"建筑"选项卡下"构建"面板中的"窗"，选择"载入族"，找到"建筑"，选择"窗"，点击"普通窗"，选择"平开窗"，选择"双扇平开–带贴面.rfa"（图9-7）。

①在"属性"面板中点击"编辑类型"，

打开"类型属性"对话框，按照综合案例信息编辑首层窗的属性（表9-1）。

②在"属性"面板中点击"编辑类型"，打开"类型属性"对话框，复制并重命名为"C1"，修改"尺寸标注"为高2000、宽2700，并修改"类型标记"为"C1"（图9-8）。C2、C3、C4的设置方法同上。

图9-7　载入案例窗族

表9-1　首层窗的明细

窗符号	宽度	高度	数量
C1	2700	2000	3
C2	2100	2000	6
C3	1800	2000	2
C4	1500	2000	2

图 9-8　编辑窗的类型属性

图 9-9　设置窗的底高度为"900"

③在"属性"面板中，将"限制条件"中的"底高度"改为"900"（图9-9）。

④按图纸信息绘制首层窗（图9-10）。

⑤单击"建筑"选项卡下"构建"面板中的"门"，选择"载入族"，找到"建筑"，选择"门"，点击"普通门"，选择"单扇平开木门1.rfa"。

⑥在"属性"面板（图9-11）中点击"编辑类型"，打开"类型属性"对话框，按照综合案例信息编辑首层门的属性（表9-2）。

⑦在"属性"面板中点击"编辑类型"，打开"类型属性"对话框，复制并重命名为"M1"，修改"尺寸标注"为高2100、宽

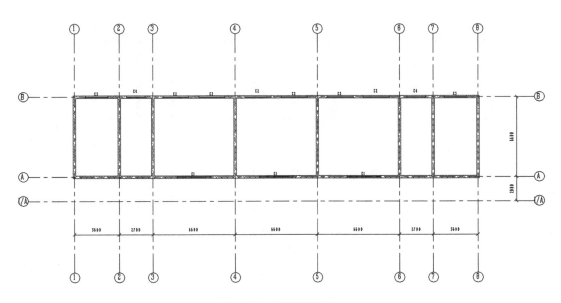

图 9-10　首层窗的创建

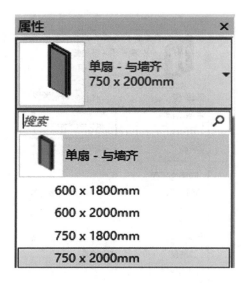

图 9-11 首层门的属性

1000，并修改"类型标记"为"M1"（图 9-12）。

⑧按图纸信息绘制首层门（图 9-13）。

图 9-12 编辑首层门的类型属性

表 9-2 首层门的明细

门符号	宽度	高度	数量
M1	1000	2100	8

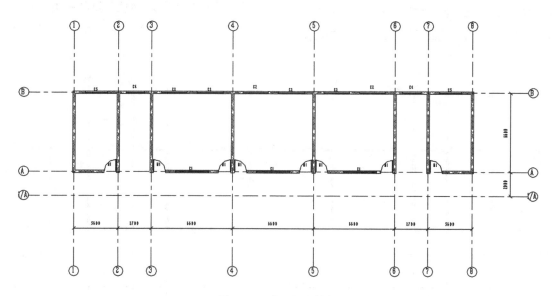

图 9-13 首层门的创建

任务四 绘制首层楼板

①单击"建筑"选项卡下"构建"面板中的"楼板",选择"楼板:建筑",选择常规楼板。在"属性"面板中点击"编辑类型"（图9-14），打开"类型属性"对话框，复制并且重命名，建立名称为"首层楼板150mm"的新楼板类型（图9-15）。

②单击"结构"后的"编辑"按钮，进入"编辑部件"对话框界面，按照实例信息修改楼板属性。设置首层结构层材料为混凝土，厚度为"100"；面层找平材料为水泥砂浆，厚度为"20"（图9-16）。

③开始绘制楼板边界线，本例采用拾取墙的方式绘制（图9-17）。

图9-15 编辑首层楼板的类型属性

图9-14 首层楼板属性

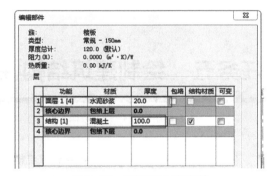

图9-16 编辑首层楼板部件

Q&A:

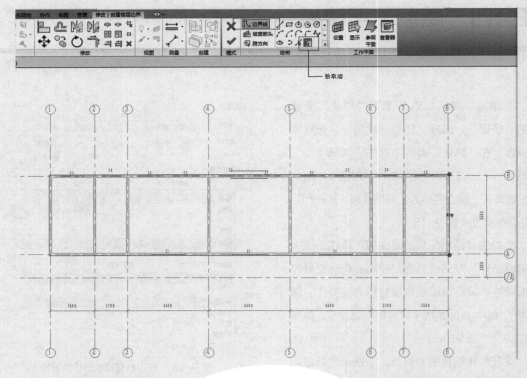

图 9-17　首层楼板的创建

任务五　绘制建筑结构柱

①在"1F"楼层平面视图中绘制建筑结构柱。在"建筑"选项卡下的"构建"面板中点击"柱"，在下拉菜单中点击"结构柱"，单击"载入族"，选择矩形结构柱。

②按照综合案例信息编辑柱子属性，柱子截面尺寸为 300×300，按照首层平面图纸信息放置柱子，修改底部标高和顶部标高（图 9-18）。

③平面效果如图 9-19 所示。

④一层三维效果如图 9-20 所示。

图 9-18　结构柱的属性

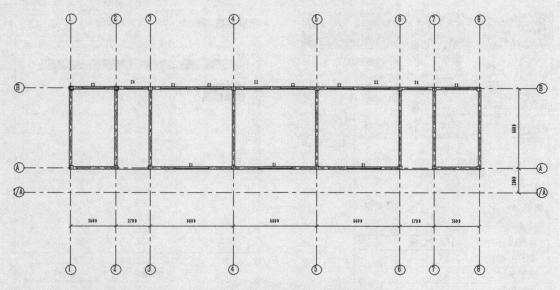

图 9-19 建筑结构柱的平面效果

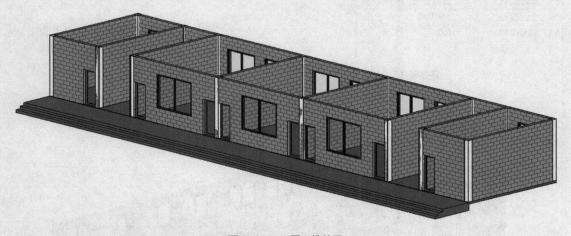

图 9-20 一层三维效果

任务六 绘制二层建筑

①复制 1F 中墙体至 2F，首先切换到 "1F" 楼层平面视图，选择任意一段墙体，然后鼠标右键单击 "选择全部实例"，选择 "在 视图中可见"，先点击图 9-21 中的 "复制" 按钮，然后选择 "粘帖" 下拉菜单中的 "与选定的标高对齐"，选择 "2F"（图 9-22）。

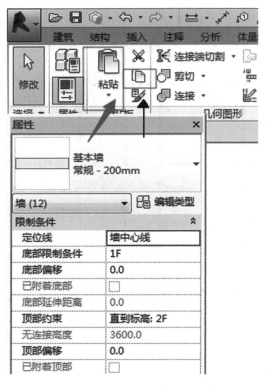

图 9-21　复制墙体到二层

图 9-22　选择标高

②二层门、窗和柱的复制方式同步骤①。复制完成后的三维效果如图 9-23 所示。

③绘制二层楼板（图 9-24）。

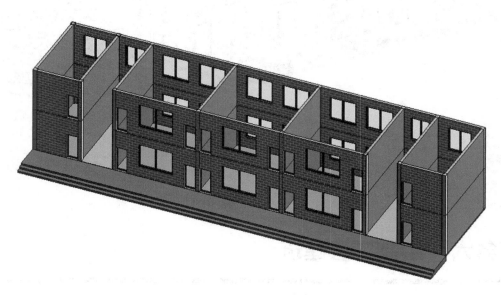

图 9-23　一、二层三维效果

④绘制二层栏杆，在"建筑"选项卡下的"楼梯坡道"面板中点击"栏杆扶手"，编辑栏杆路径（图 9-25）。在"属性"面板中设置扶手高度为 1100mm（图 9-26）。

⑤二层栏杆扶手三维效果如图 9-27 所示。

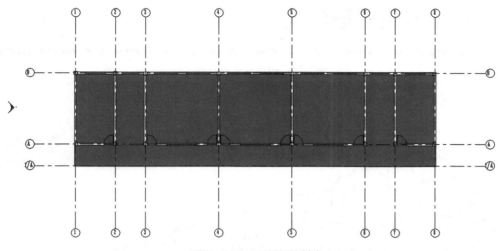

图 9-24　二层楼板的创建

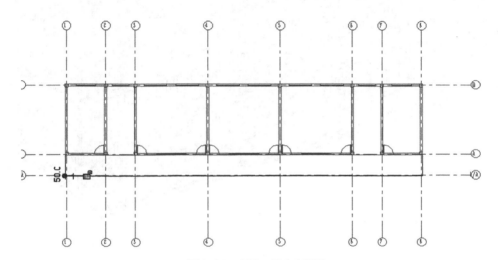

图 9-25　创建二层走廊扶手

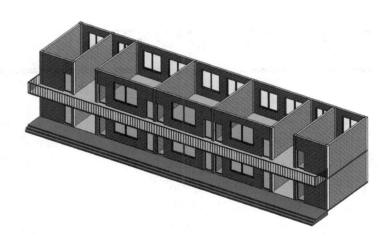

图 9-26　栏杆扶手属性　　　　　　　图 9-27　二层栏杆扶手三维效果

任务七　绘制三层建筑

三层综合案例信息与二层一致，绘制方法同任务六。绘制完成后的三维效果如图 9-28 所示。

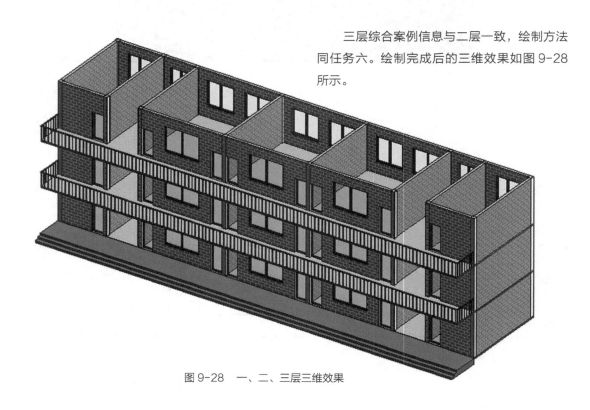

图 9-28　一、二、三层三维效果

任务八　绘制楼梯和扶手

①在楼层平面视图中，选择"1F"，单击"建筑"，选择"楼梯坡道"，选择"楼梯（按草图）"绘制命令，进入绘制草图模式。

②单击"属性"，选择"编辑类型"，打开"类型属性"对话框，选择楼梯类型为整体浇注楼梯，点击"复制"，修改名称为"楼梯

1"（图 9-29）。

③根据项目信息，修改楼梯踏板深度、踢面高度和梯段宽度。"最小踏板深度"为 280，"最大踢面高度"为 150（图 9-30）。楼梯 1 为双跑楼梯共 24 个踏步，梯段宽度为 1000。

图 9-29　编辑楼梯类型属性

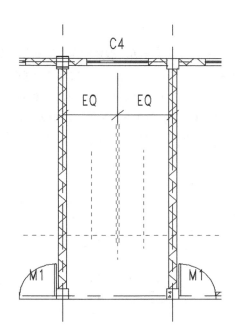

图 9-31　编辑楼梯

图 9-30　修改楼梯类型属性

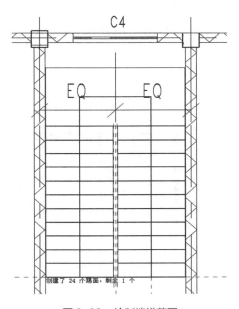

图 9-32　绘制楼梯草图

④进入编辑楼梯操作界面，先做几个参照平面来确定楼梯段基本位置（图 9-31）。

⑤绘制完成楼梯草图后，需要手动修改楼梯边界，修改边界之前如图 9-32 所示，修改之后如图 9-33 所示。

⑥利用"复制"命令，建立二层、三层楼梯，并在"3F"楼层平面视图中绘制顶层栏杆（图 9-34）。

⑦轴线 6、7 之间的楼梯 2，可以通过选择"镜像"命令，复制楼梯 1 得到。绘制完成的

平面效果如图 9-35 所示。

⑧绘制完成楼梯，需要利用"竖井"来给原来未预留的楼梯间开洞。在楼层平面视图中选择"1F"平面视图，单击"建筑"选项卡，在"洞口"面板中选择"竖井"，进入"修改 | 创建竖井洞口草图"面板界面，选择绘制边界

线（图 9-36）。按照楼板边界绘制洞口边界，边界首尾必须相连，效果如图 9-37 所示。

⑨在"属性"面板中修改"限制条件"，顶部和底部偏移为 0，底部限制条件为 1F，顶部约束为 3F（图 9-38）。

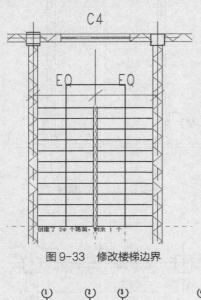

图 9-33　修改楼梯边界

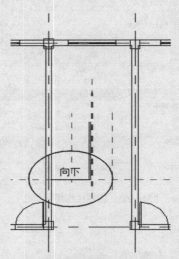

图 9-34　楼梯顶层栏杆的创建

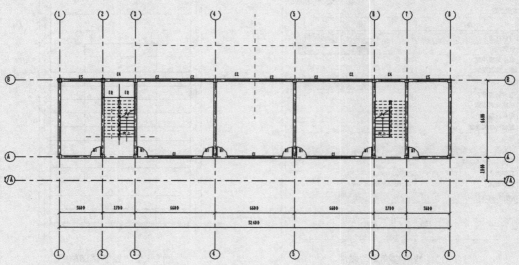

图 9-35　创建一层楼梯

图 9-36　创建竖井

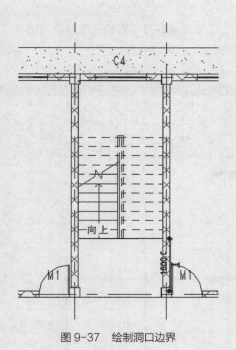

图 9-37 绘制洞口边界

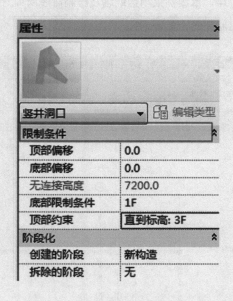

图 9-38 修改洞口属性

任务九 绘制屋顶

①在楼层平面视图中选择楼面标高平面图，单击"建筑"选项卡，选择"屋顶"，点击选择"迹线屋顶"。在"属性"面板中选择"基本屋顶：常规 -125mm"，点击"编辑类型"，打开"类型属性"对话框，点击"复制"，修改名称为"屋顶 -150mm"，根据项目实例修改屋顶结构构造信息。"结构 [1]"厚度为 125，材质为现场浇注混凝土，"面层 1[4]"厚度为 25，材质为水泥砂浆，屋顶总厚度为 150mm（图 9-39）。

②绘制屋顶，注意修改定义坡度、悬挑长度以及是否延伸至墙中（图 9-40）。在绘制过

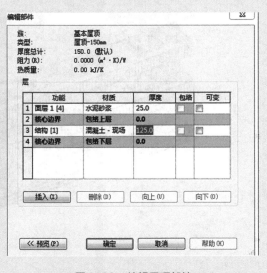

图 9-39 编辑屋顶部件

程中，本案例采用拾取墙及绘制直线两种方式绘制完成（图9-41）。

③屋顶绘制完成后的三维效果如图9-42所示。

图 9-40　创建屋顶

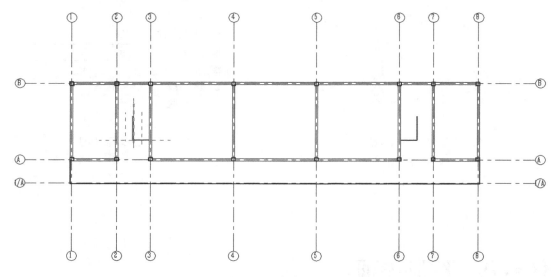

图 9-41　绘制屋顶边界

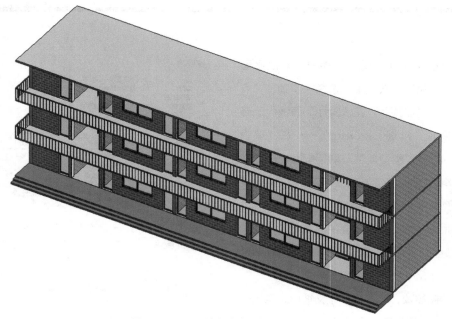

图 9-42　屋顶绘制完成后的三维效果

任务十　绘制散水

① Revit 中没有提供散水相应的族文件，因此，需要利用新建"族"来完成。打开 Revit 应用程序，单击"新建"，选择"族"，选择"公制轮廓 .rft"（图 9-43）。

图 9-43　新建族

② 单击"创建"选项卡，选择"直线"工具，绘制项目实例散水轮廓（图 9-44）。单击保存，命名为"散水 800mm"。单击"创建"选项卡，选择"载入到项目中"，将新建散水族文件载入实例项目中。

③ 在实例项目中打开三维视图，单击"建筑"选项卡，选择"墙"工具下拉菜单中的"墙：饰条"，单击"属性"面板中的"编辑类型"，打开"类型属性"对话框，点击"复制"，修改名称为"散水 800mm"，修改构造轮廓为"散水 800mm"，修改材质类型为"现场浇注混凝土"（图 9-45）。

图 9-45　编辑散水的类型属性

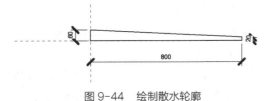

图 9-44　绘制散水轮廓

④沿外墙底部位置依次单击，生成实例项目外墙底部散水。绘制完成的三维效果如图9-46所示。

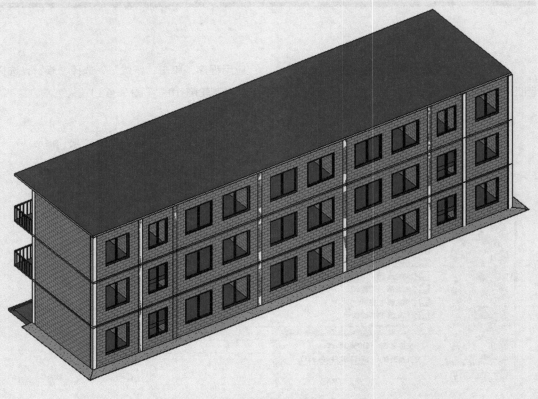

图 9-46 散水三维效果

任务十一 场地布置

①单击"体量与场地"，选择"场地建模"面板中的"地形表面"工具，进入场地创建界面。

②在楼层平面视图中选择"场地"，利用参照平面绘制本项目的室外平面地形。在"场地"平面图中绘制四个参照平面，参照平面距离轮廓 5000mm（图 9-47）。

③单击"工具"面板中的"放置点"，设置选项栏中的"高程"值，按项目实例要求填写。本项目高程值为 -550，高程形式为"绝对高程"，即将要放置的点高程绝对标高为 -0.55m（图 9-48）。

④分别单击图 9-49 中的四个交点，即放置了四个绝对高程为 -550mm 的点，此时室

外场地创建完成。

⑤单击场地图元，单击"属性"面板中的材质，修改材质属性，选择"草皮"材质属

性，指定给本项目场地图元（图9-50）。

⑥场地三维效果如图9-51所示。

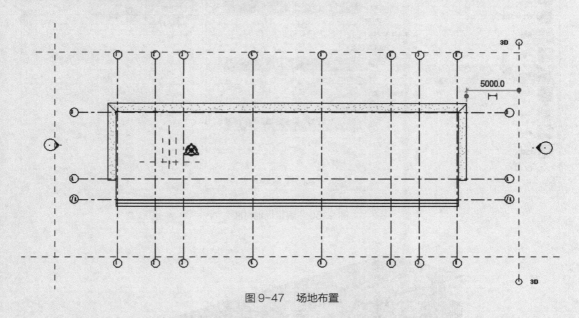

图9-47　场地布置

图9-48　放置高程点

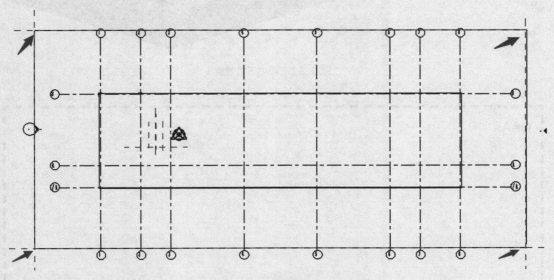

图9-49　控制高程点

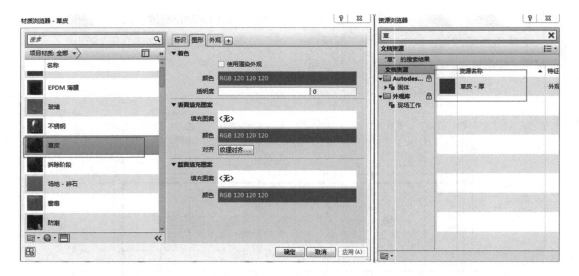

图 9-50 编辑场地材质

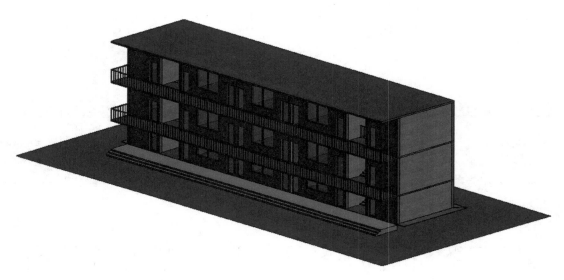

图 9-51 场地三维效果

Q&A:

项目十　建筑出图

知识目标

①掌握建筑平面图、立面图、剖面图的出图方法。

②掌握建立门窗明细表的方法。

能力目标

结合实际案例，掌握建筑平面图、立面图、剖面图的出图方法。

项目情景

模型建立后，需要转化成 CAD 平面图纸以供施工人员使用，因此本章主要介绍建筑平面层、立面图、剖面图的出图方法。

任务一 平面图出图

①创建空白的图纸，单击"视图"选项卡下"图纸组合"中的"图纸"（图10-1），弹出"新建图纸"对话框，在"选择标题栏"中单击"A1公制"（图10-2）。

图10-1 "视图"选项卡下"图纸组合"中的"图纸"

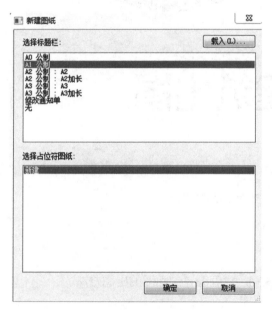

图10-2 新建图纸

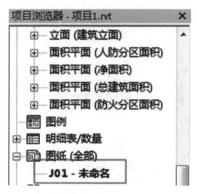

图10-3 J01号图纸

图10-4 在图纸中添加视图

②在项目浏览器中选择"图纸（全部）"，我们就可以看到新建的图纸了，图纸编号为J01（图10-3）。

③将已有的视图放置到当前的图纸当中。单击"视图"选项卡下"图纸组合"中的"视图"，弹出"视图"对话框，选择"楼层平面：1F"，单击"在图纸中添加视图"（图10-4）。在图纸上单击放置"1F"平面视图

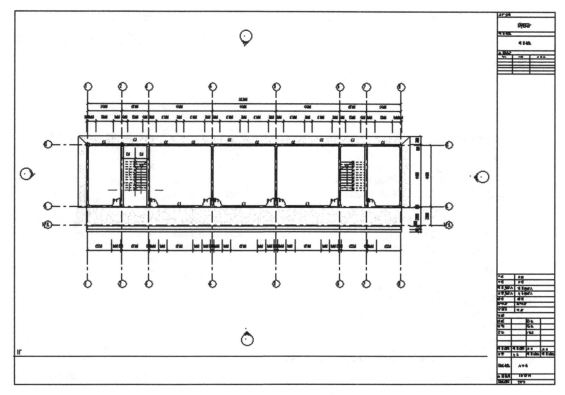

图 10-5　"1F"平面视图

（图 10-5）。

④修改图名，单击"1F"平面视图，在"属性"中修改"图纸上的标题"为"一层平面图"（图 10-6）。

⑤单击图框，在"属性"中修改图框信息，如图纸名称、图纸编号、图纸发布日期、审图员、设计者、审核者等相关信息（图 10-7）。

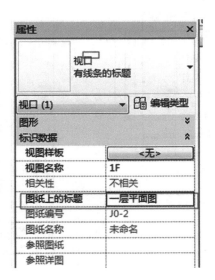

图 10-6　修改图纸标题

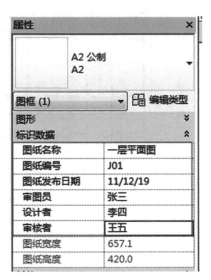

图 10-7　修改图框信息

⑥插入指北针符号。单击"插入"选项卡中的"载入族",在"注释"里面选择"符号→建筑"找到指北针,单击打开(图10-8)。此时将插入的指北针放置在指定的位置,鼠标单击指定位置即可(图10-9)。

⑦其他楼层平面图的出图方法与一层平面图出图方法相同。

图 10-8　载入指北针族

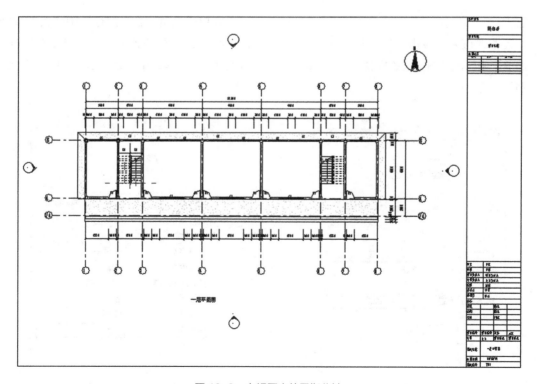

图 10-9　在视图中放置指北针

任务二　立面图出图

①创建空白的图纸，单击"视图"选项卡下"图纸组合"中的"图纸"，弹出"新建图纸"对话框，在"选择标题栏"中单击"A1 公制"。

②在项目浏览器中选择"图纸（全部）"，我们就可以看到新建的图纸了，图纸编号为 J02（图 10-10）。

③将已有的视图放置到当前的图纸当中。

单击"视图"选项卡下"图纸组合"中的"视图"，弹出"视图"对话框。选择"立面：南"，单击"在图纸中添加视图"（图 10-11）。在图纸上单击放置南立面视图（图 10-12）。

④将南、北、东、西四个立面放在一张视图中，出图后效果如图 10-13 所示。

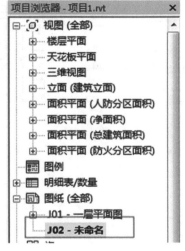

图 10-10　J02 号图纸

图 10-11　将已有的视图放置到当前的图纸当中

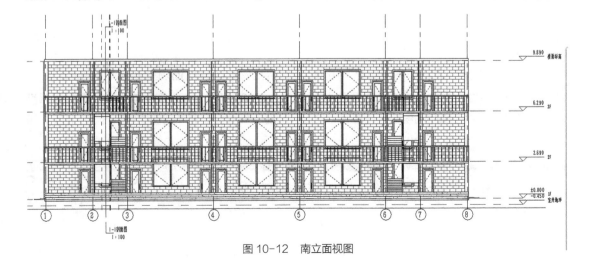

图 10-12　南立面视图

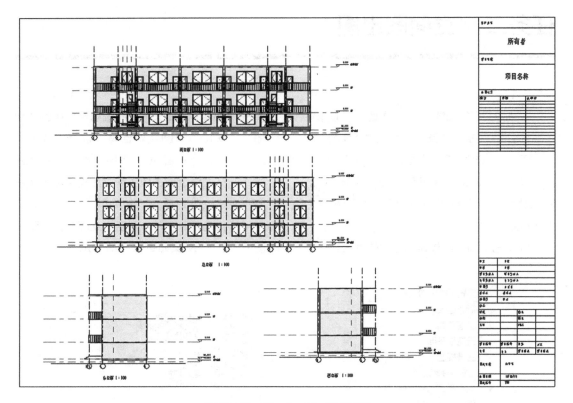

图 10-13　南、北、东、西立面图

任务三　剖面图出图

①单击"视图"选项卡下"创建"中的
"剖面"按钮（图 10-14），单击楼层平面视
图中的"1F"，在楼梯中间绘制一条直线，绘

制完成后会出现剖面符号（图 10-15）。

②此时，项目浏览器的"剖面（建筑剖
面）"中会出现"剖面 1"（图 10-16）。单

图 10-14　"视图"选项卡下"创建"中的"剖面"按钮

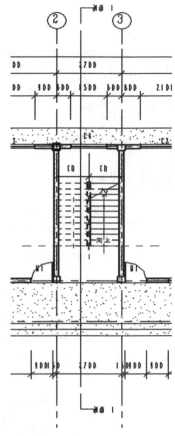

图 10-15　绘制剖面符号

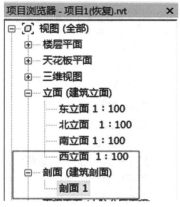

图 10-16　创建"剖面 1"

击"剖面 1"（图 10-17）。

　　③创建空白的图纸，单击"视图"选项卡下"图纸组合"中的"图纸"，弹出"新建图纸"对话框，在"选择标题栏"中单击"A3公制"。

　　④在项目浏览器中选择"图纸（全部）"，我们就可以看到新建的图纸了，图纸编号为 J03（图 10-18）。

　　⑤将已有的"剖面 1"视图放置到当前的图纸中。单击"视图"选项卡下"图纸组合"

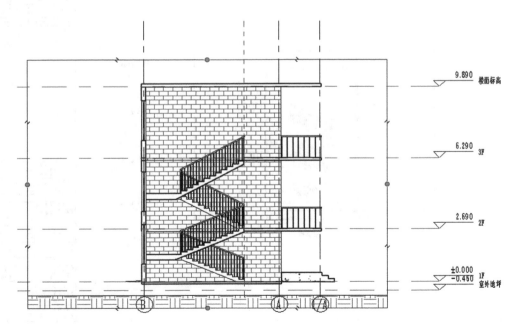

图 10-17　建筑剖面图

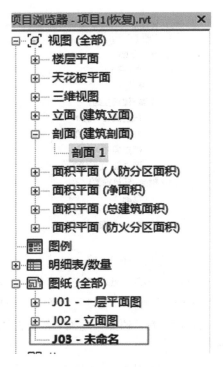

图 10-18　J03 号图纸

图 10-19　添加"剖面 1"

中的"视图",弹出"视图"对话框。选择
"剖面:剖面 1",单击"在图纸中添加视图"
(图 10-19)。在图纸上单击放置"剖面 1"
视图(图 10-20)。

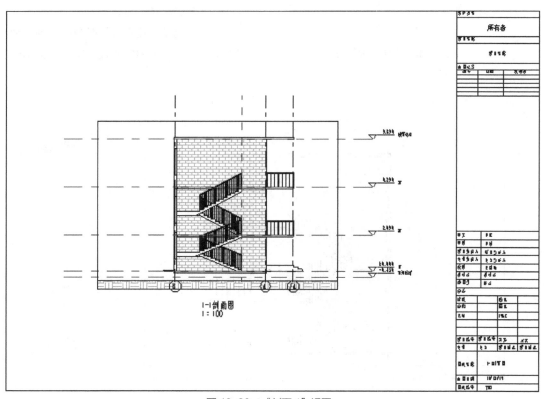

图 10-20　"剖面 1"视图

任务四　明细表

Revit 明细表工具可用于统计项目当中任意构件的信息，本任务以项目九这一章的实例为例，列举门窗明细表。

①单击“视图”选项卡下“创建”中的“明细表”选项，在下拉菜单中选择“明细表 / 数量”（图 10-21）。弹出“新建明细表”对话框，在“类别”中选择“门”，修改“名称”为“教学楼 - 门明细表”，选择“建筑构件明细表”（图 10-22）。单击“确定”。

②弹出“明细表属性”对话框，在“可用的字段”中找到门所用的字段，如类型、高度、宽度、注释、合计等内容，单击“添加”，顺序如图 10-23 所示。选择“排序 / 成组”选项卡，排序方式为“类型”，选择“升序”，不

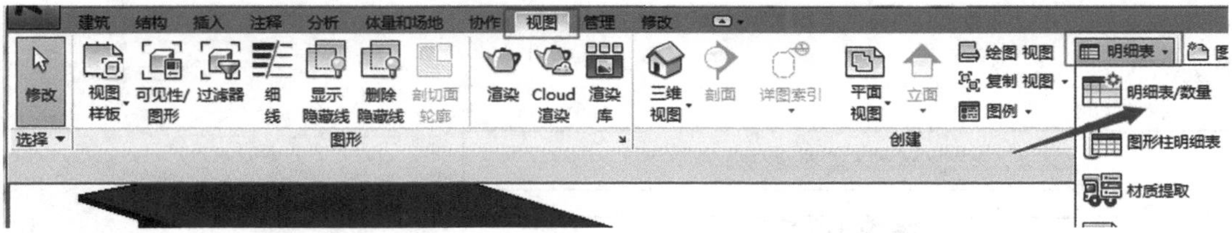

图 10-21　创建明细表

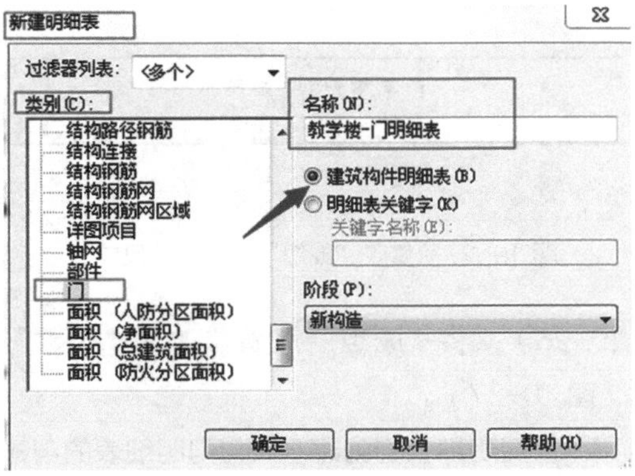

图 10-22　新建门的明细表

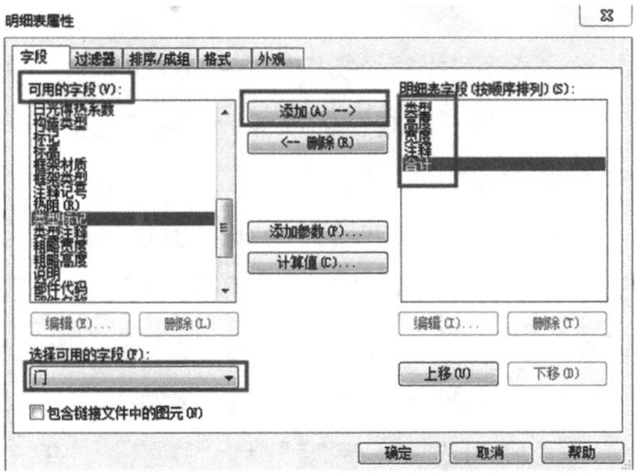

图 10-23　编辑门的明细表属性

Q&A:

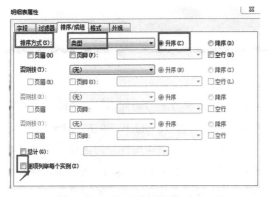

图 10-24　门的明细表排序 / 成组属性

图 10-25　门的明细表外观属性

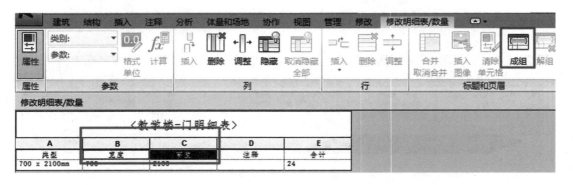

图 10-26　单击"修改明细表 / 数量"选项卡中的"成组"

勾选"逐项列举每个实例"（图 10-24）。

　　③选择"外观"选项卡，设置"网格线"项目为"细线"，"轮廓"项目为"中粗线"，不勾选"数据前的空行"。在"文字"区域勾选"显示标题"和"显示页眉"，对于"标题文本""标题""正文"字体，均选择"仿宋 _3.5mm"（图 10-25）。单击"确定"。

　　④同时选择"宽度"和"高度"，单击"修改明细表 / 数量"选项卡中的"成组"（图

图 10-27　修改"成组"页眉为"尺寸"

10-26），将"成组"页眉修改为"尺寸"（图 10-27）。

　　⑤窗明细表的创建方式与门明细表的创建方式相同。

Q&A:

BIM建模与设计
BIM MODELING
AND DESIGN
综合案例部分

项目十一 建筑效果图设计

知识目标

①了解体量的概念及相关术语。
②掌握建筑效果图渲染的方法。
③掌握建筑漫游的创建方法。

能力目标

灵活利用 Revit 内置渲染库渲染建筑效果图，设置漫游路径，并制作简单的模型漫游动画。

项目情景

Revit 可以利用现有的三维模型，创建效果图和漫游动画，全方位地展示建筑师的创意和设计成果。因此，这一软件既可以用于完成从施工图设计到可视化设计的所有工作，又革除了以往几个软件操作所带来的重复劳动、数据流失等弊端，提高了设计效率。本章详细介绍项目九这一章所制作的模型文件的渲染及项目漫游的创建方法等。

任务一　渲染

Revit 的渲染功能十分强大。在之前的建模过程中，我们已经把材质都赋予好了，渲染的时候省去了设置材质这样一个复杂的过程，因而 Revit 的渲染虽然很简单，但依然可以取得很好的效果。下面介绍一下建筑物在白天时的渲染使用方法。

【实例 11-1】使用"渲染"功能制作效果图

渲染的步骤如下：

①打开"楼面标高"层，执行"视图→创建→三维视图→相机"操作（图 11-1）。

②将相机放置在平面图的西南角，在视图上设置相机位置和相机视线深度（图 11-2）。

图 11-1　渲染角度编辑界面

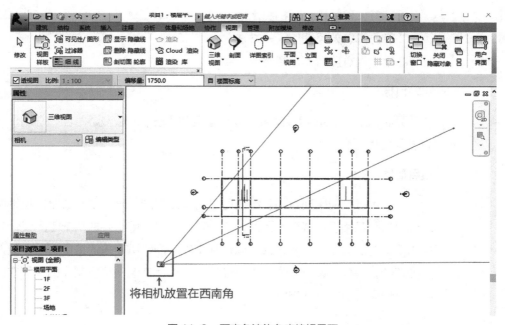

图 11-2　西南角渲染角度编辑界面

③相机被放置好后，项目浏览器界面会自动跳转至三维视图，下面就会出现刚刚创建的相机视图。我们可通过调整按钮使建筑显示在视图中（图11-3）。

④设置好视图范围，使得建筑完整地出现在相机视野中（图11-4）。

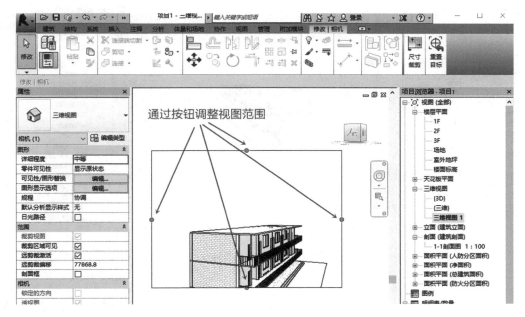

图11-3　通过按钮调整视图范围

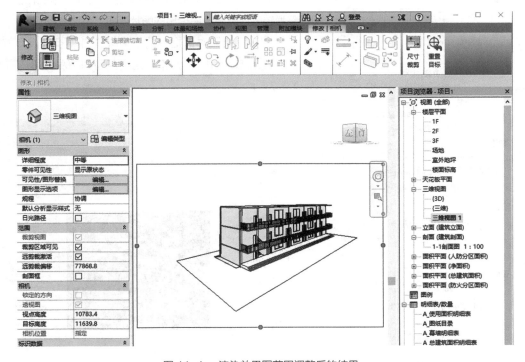

图11-4　渲染效果图范围调整后的结果

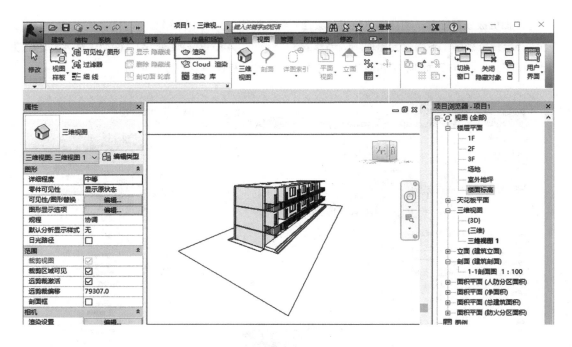

图 11-5　渲染操作界面

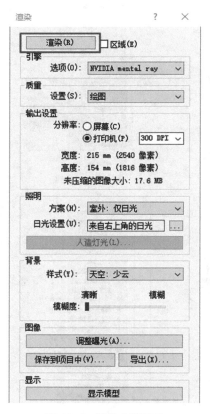

图 11-6　渲染参数设置

⑤在左下角单击显示"渲染"对话框，出现渲染操作界面（图 11-5）。

如图 11-6 所示修改渲染参数，选择打印机输出，调整为较高分辨率，渲染出的图片画质才会比较细腻。

⑥"渲染"对话框中的设置操作并不多，设置好质量、分辨率、照明和背景之后，就可以开始渲染了（图 11-7）。

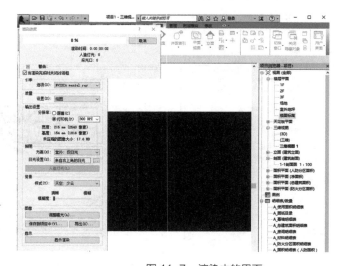

图 11-7　渲染中的界面

⑦渲染效果如图 11-8 所示。

图 11-8　渲染效果

任务二　漫游

Revit 的可视化应用比较方便，那么怎样操作才能制作出理想的效果呢？

【实例 11-2】使用"漫游"功能创建建筑漫游动画

①在楼面标高层，执行"视图→创建→三维视图"命令，在下拉选项中选择"漫游"（图 11-9）。

②连续点击鼠标左键，在想要设置路径的地方设置关键帧，完成后按"Esc"键退出，此时在项目浏览器界面中会出现新建的"漫游 1"（图 11-10）。

③如果各关键帧上相机的高度不同，需在

图 11-9　漫游角度编辑界面

添加点时在选项卡（图 11-11）上提前设定，否则完成后将不能逐个对路径上相机点的高度进行调整。

图 11-10　项目浏览器中出现"漫游 1"

图 11-11　相机高度设置界面

④双击"漫游 1"进入相应视图。如图 11-12 所示，选择"编辑漫游"命令，自动激活"编辑漫游"选项卡。

图 11-12　功能菜单中的"编辑漫游"命令

注意：如果已退出漫游路径的显示状态，则路径在视图中不可见。

通过以下两种方法可快速显示漫游路径：在项目浏览器中选中对应的漫游名称，使用"右键菜单→显示相机"即可在视图中显示漫游路径（图 11-13）；进入漫游视图后点击相机视口框，然后选择"编辑漫游"命令即可在视图中显示各关键点和相机。

⑤回到原视图，我们就可以看到添加的各关键帧和相机位置了。

⑥执行"漫游"面板中的"上一关键帧"等命令，如图 11-14、图 11-15 所示，移动相机的两个按钮可以逐帧设置相机的位置和视口的大小与方向。

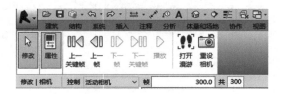

图 11-14　通过"上一关键帧"按钮调整每个关键帧

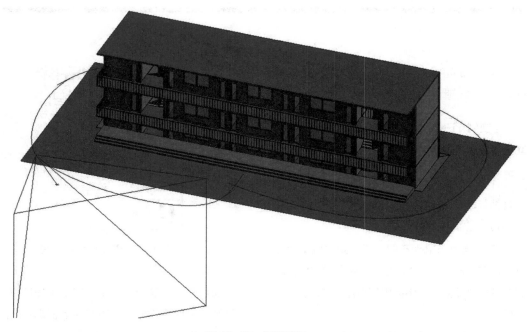

图 11-13　漫游路径

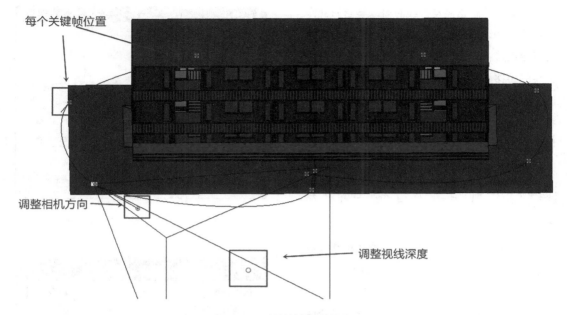

每个关键帧位置

调整相机方向

调整视线深度

图 11-15　关键帧相机编辑界面

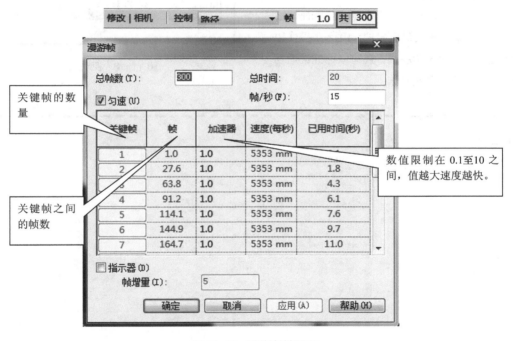

关键帧的数量

关键帧之间的帧数

图 11-16　漫游帧编辑界面

⑦为了更方便和直观地设置检查制作的效果，我们可以打开平面、立面、漫游视图，查看相机效果。

⑧设置完成后，点击"播放"观看漫游效果，如果对播放速度或者帧数数量不满意，可以单击帧数，在弹出的对话框中按照图 11-16 所示设置漫游帧。

注意：为了使形成的漫游视图富有变化，

我们在构思漫游路径及视线时可以学习影视作品中的一些场景手法，例如在漫游开始和结束时不是直接将视线对准目标建筑物，而是通过镜头的转移，在漫游开始时将镜头视线从场景以外移动到建筑物场景之中，在漫游结束时再将镜头视线从建筑物场景向左右或向上移动到场景之外。

⑨导出漫游。单击"应用程序菜单"按钮

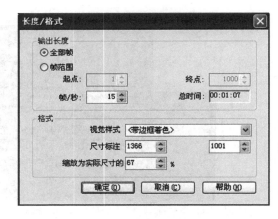

图 11-17　漫游动画长度、格式设置

，执行"导出→图像和动画→漫游"命令，弹出对话框（图 11-17）。

⑩最后根据需要调节输出长度和格式并进行视频压缩选择就可以了（图 11-18）。

我们使用 Revit 进行建筑渲染和漫游时，有时还会用到 Navisworks 和 Fuzor 这两个插件，二者渲染漫游效果都比 Revit 自带效果要好。Navisworks 一般用于本地合模和碰撞检查，还可以进行施工进度模拟；Fuzor 操作较为简便，可以漫游和联机，还可以把标记返回Revit，主要用于动画制作。

图 11-18　视频压缩

Q&A:

项目十二　族的创建

知识目标

①了解族的概念及相关术语。

②掌握族编辑器界面的构成及功能。

③掌握使用拉伸、旋转、融合、放样命令创建族文件的方法。

能力目标

灵活利用拉伸、旋转、融合、放样命令创建族文件。

项目情景

族是 Revit 软件的构成要素，是组成项目模型的基本构件，是构建参数信息的重要载体。我们在建模过程中通常需要用到大量的族，熟练掌握族文件的创建、编辑与使用是模型创建的关键。本章详细介绍族文件的创建方法及注意事项等。

族分为三种类型，分别是可载入族、系统族和内建族（构建集），本章介绍的族为可载入族和内建族。可载入族是创建于项目外的可在不同项目之间传递并保存为 .rfa 格式的文件；内建族为在项目中创建的族文件，是只在本项目中使用的构件。二者都是利用族编辑器创建的，族编辑器的界面如图 12-1 所示。

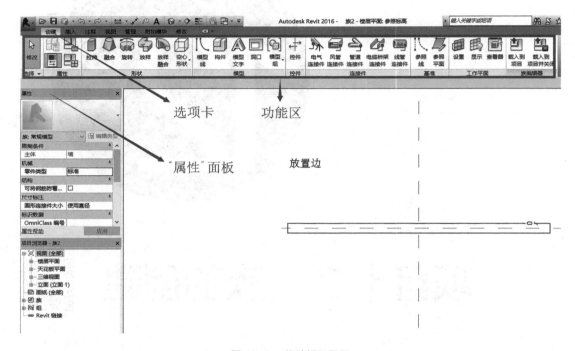

选项卡　　功能区

"属性"面板

放置边

图 12-1　族编辑器界面

任务一　创建拉伸形状

族编辑器的"创建"选项卡下的"形状"面板中包含了多种创建三维形状的基本工具（图 12-2），下面介绍使用"拉伸"创建族三维模型的方法特点和操作步骤。

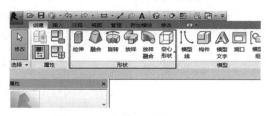

图 12-2　创建三维形状的工具

【实例 12-1】使用"拉伸"创建窗族

①新建族文件。单击"应用程序菜单"按钮，选择"新建"，选择"族"。常规窗是一种依附于墙体出现的建筑图元，所以选

图 12-3　新建族

图 12-4　基于墙的公制常规模型

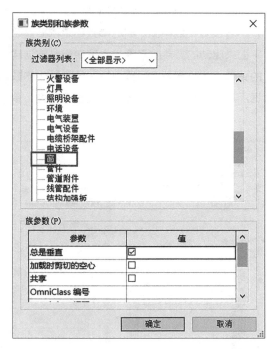

图 12-5　修改族类别为"窗"

图 12-6　添加参数

择"基于墙的公制常规模型.rft"这个样板创建窗族（图 12-3、图 12-4）。

②定义族类型和族参数。单击"创建"选项卡下"属性"面板中的"族类别和族参数" ，打开"族类别和族参数"对话框。修改族类别为"窗"（图 12-5）。单击"创建"选项卡下"属性"面板中的"族类型" ，打开"族类型"对话框。单击"添加"按钮打开"参数属性"对话框，添加"名称"为"窗框材质"，设置"参数类型"为"材质"（图 12-6、图 12-7）。重复以上步骤，添加

Q&A:

"窗扇材质""玻璃"等参数（图 12-8）。

③设置参照平面。族的参数化是依据参照平面来驱动的，参照平面的合理使用是族创建的关键，参照平面的设置根据所要参数化的数据而定。打开"参照标高"楼层平面视图，单击"创建"选项卡下"基准"面板中的"参照平面"工具，以竖向参照平面为中心轴，左右两侧对称绘制两个参照平面，用来控制窗的"宽度"（图 12-9）。采用同样的方法，在

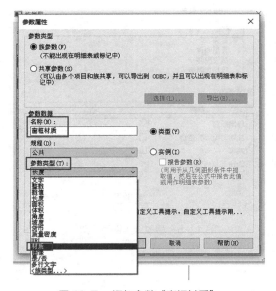

图 12-7　添加参数"窗框材质"

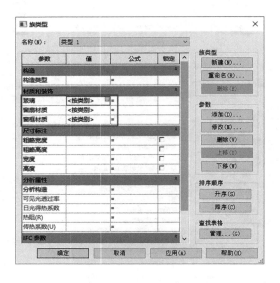

图 12-8　窗族参数

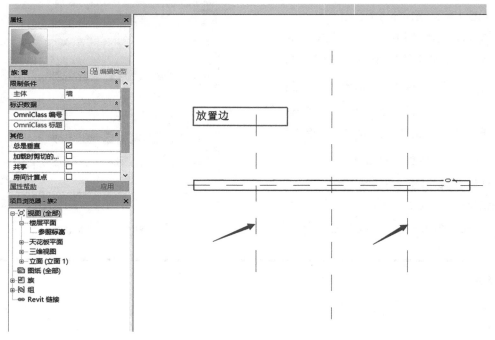

图 12-9　平面视图中的参照平面绘制

"放置边"立面视图中设置用来控制"窗高度"和"窗台高度"的参照平面（图 12-10）。如需设置更多可驱动的参数，可根据实际情况设置参照平面。

④为参照平面添加尺寸标注。利用"注释"选项卡下"尺寸标注"面板中的"对齐"工具 ，对代表相应参数的参照平面进行标注（图 12-11），并利用"EQ"工具 控制参照平面位置变动时的中心对称性。采用同样

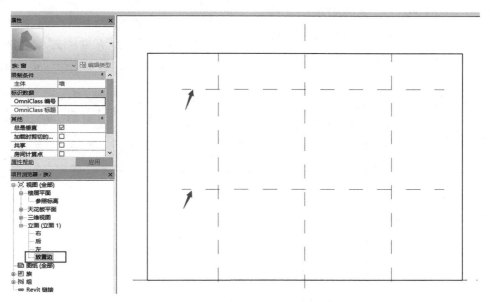

图 12-10　立面视图中的参照平面绘制

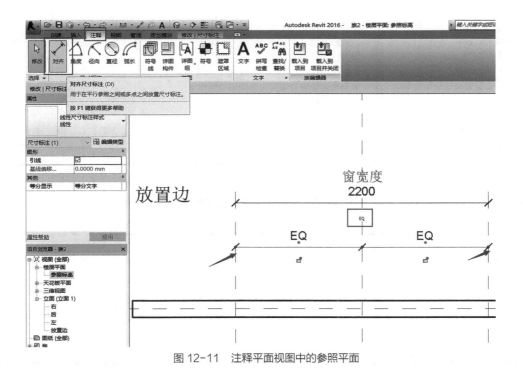

图 12-11　注释平面视图中的参照平面

的方法，标注"放置边"立面视图中的参照平面（图12-12）。参照平面之间的尺寸标注不能相互限制，否则将弹出不满足限制条件的报错信息。

⑤为尺寸标注设置标签，关联参数进行位置驱动。选择设置好的一个尺寸标注，单击"选项栏"中"标签" 标签: 后的下拉三角，在下拉框中关联参数或直接添加参数。例如为

"窗宽度"尺寸标注添加标签，单击代表宽度的尺寸标注，出现"修改｜尺寸标注"关联选项卡，单击"选项栏"中"标签"后方的下拉三角，单击选择下拉框中的"宽度"，即完成宽度尺寸参数的标签设置（图12-13）。如无相应参数，则单击"添加参数"，打开"参数属性"对话框，输入相应参数名称，默认选择"参数分组方式"为"尺寸标注"。添加"窗台高度"，操作如图12-14所示。重复以上步

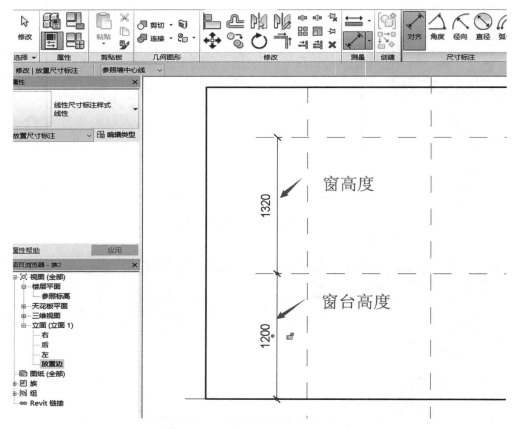

图 12-12　注释立面视图中的参照平面

Q&A:

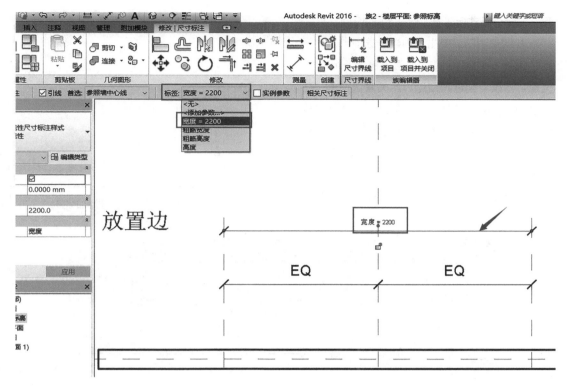

图 12-13　添加标签

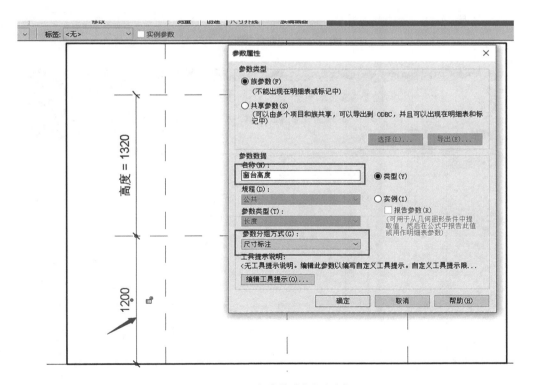

图 12-14　添加参数"窗台高度"

骤，为所有尺寸标注添加标签（图 12-15）。

⑥创建洞口。单击"创建"选项卡下"模型"面板中的"洞口"工具（图 12-16），出现"修改 | 创建洞口边界"关联选项卡，在"绘制"面板中选择"矩形"工具，转到"放置边"立面视图，依据参照平面所定位置绘制洞口边界形状（图 12-17），效果如图 12-18所示。

⑦利用"拉伸"创建实体。窗户大致

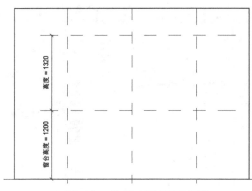

图 12-15　为尺寸标注添加标签

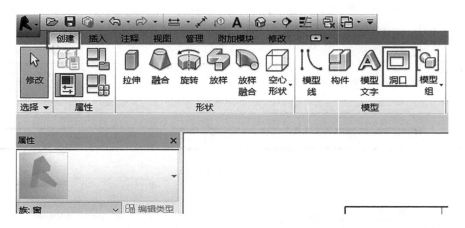

图 12-16　选择"洞口"工具

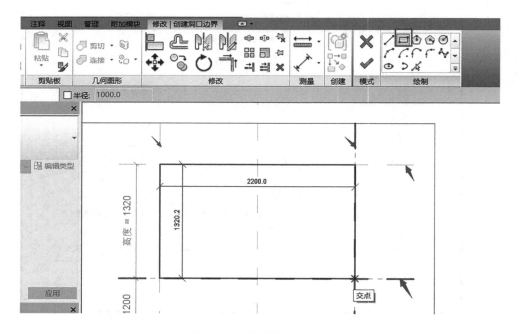

图 12-17　绘制洞口边界

由窗框、窗扇和玻璃三部分构成。单击"创建"选项卡下"形状"面板中的"拉伸"工具（图12-19），出现"修改｜创建拉伸"关联选项卡，本例中拟定窗框断面尺寸为60mm×60mm，因此在"属性"面板中设定拉伸起点为"30"、拉伸终点为"-30"。使用"矩形"工具绘制窗框外边界，窗框内边界可使用"矩形"设置"偏移量"为"60"，沿窗框外边界绘制（图12-20），效果如图

图12-18 洞口三维效果

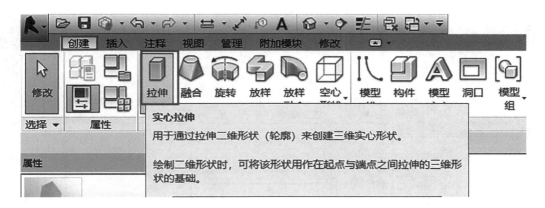

图12-19 创建拉伸

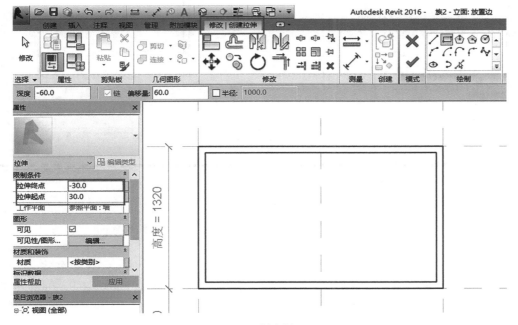

图12-20 创建窗框

12-21 所示。重复以上步骤，绘制窗扇和玻璃
（图 12-22、图 12-23）。创建拉伸效果如图
12-24 所示。

⑧定义材质。按住"Tab"键选中窗框
图元，在"属性"面板中打开材质浏览器，修
改材质为"木材"（图 12-25）。重复以上
步骤，修改窗扇材质为"木材"、玻璃材质为
"玻璃"（图 12-26）。

⑨使用"拉伸"工具创建的窗族效果如图
12-27 所示。

图 12-21　窗框三维效果

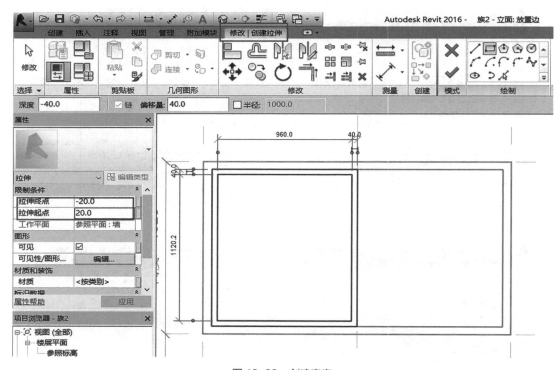

图 12-22　创建窗扇

Q&A:

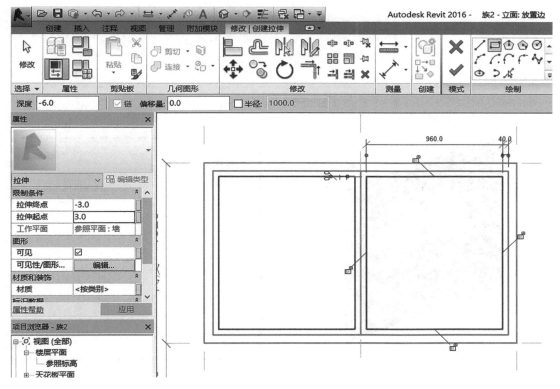

图 12-23　创建玻璃

图 12-24　创建拉伸效果

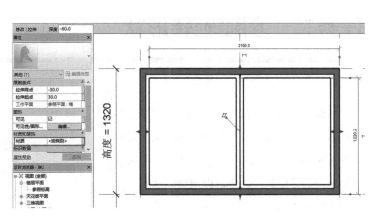

图 12-25　修改窗框材质

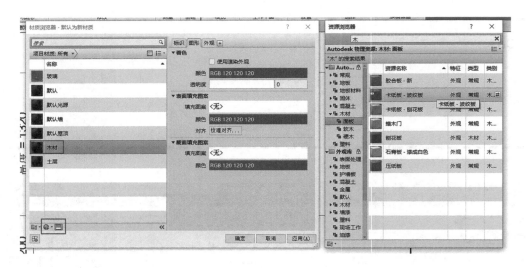

图 12-26　定义材质

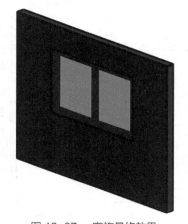

图 12-27　窗族最终效果

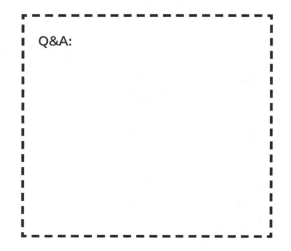

Q&A:

任务二　创建旋转形状

族编辑器的"创建"选项卡下的"形状"面板中包含了创建三维形状的基本工具，我们需要根据所创建族文件的特点灵活选择形状绘制工具。"旋转"命令可以用来创建围绕中心轴旋转而成的几何形状。下面详细介绍使用"旋转"创建族三维模型的方法特点和操作步骤。

【实例 12-2】使用"旋转"创建灯族

①新建族文件。单击"应用程序菜单"按钮 ，选择"新建"，选择"族"，选择

图 12-28　公制常规模型

"公制常规模型 .rft"（图 12-28）。

②定义族类型和族参数。单击"创建"选项卡下"属性"面板中的"族类别和族参数"，打开"族类别和族参数"对话框。在对话框中根据模型特征修改族类别（图 12-29）。在"创建"选项卡下"属性"面板中的"族类型"工具中添加模型所用族参数，也可在族文件创建后续步骤中再进行参数添加。

③创建几何形状。切换至"前"立面视图，单击"创建"选项卡下"形状"面板中的"旋转"工具（图 12-30），出现"修改 | 创

图 12-29　修改族类别

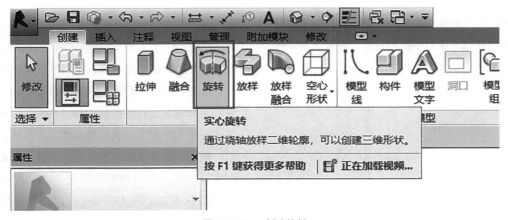

图 12-30　创建旋转

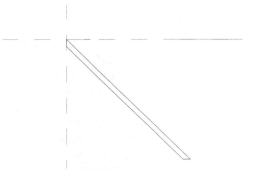

图 12-31 绘制灯具断面轮廓边界线

建旋转"关联选项卡，使用"绘制"面板中的线型工具绘制灯具断面轮廓的边界线（图 12-31）。绘制完成边界线后在"绘制"面板中单击"轴线"工具绘制旋转所需的旋转轴。可使用"拾取线"的方式拾取竖向中心参照平面为旋转轴并将其锁定，也可另行绘制旋转轴（图 12-32、图 12-33）。

④创建参照平面。在"创建"选项卡的"基准"面板中单击"参照平面"，绘制用来

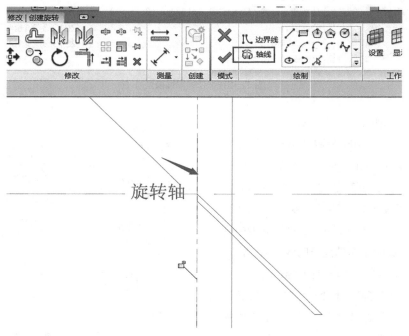

图 12-32　拾取旋转轴

控制灯具"高度"的参照平面，将参照平面与轮廓边界线底部对齐并锁定，否则无法驱动参

图 12-33　锁定

数（图 12-34）。

⑤添加尺寸标注，设置标签。绘制用来驱动灯"高度"的参照平面，对参照平面进行尺寸标注并设置标签（图 12-35、图 12-36）。在灯旋转轮廓线右侧绘制代表"半径"的参照平面（图 12-37），将灯轮廓内外边界线右下角一端的点与参照线对齐并锁定（图 12-38、图 12-39），并完成灯"高度"和"半径"的参数化设置（图 12-40）。最终效果如图 12-41 所示。

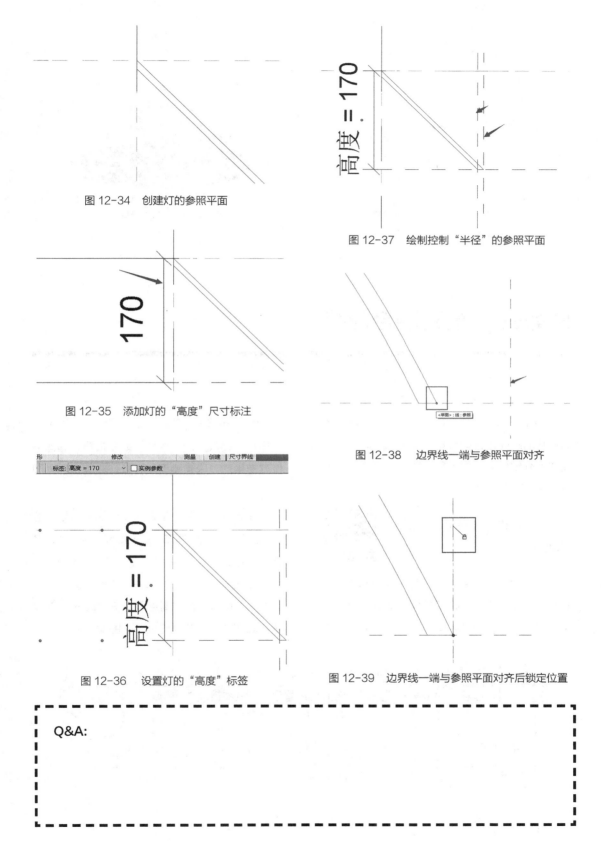

图 12-34　创建灯的参照平面

图 12-35　添加灯的"高度"尺寸标注

形　　　　　修改　　　　　测量｜创建｜尺寸界线
标签: 高度 = 170　∨　□实例参数

图 12-36　设置灯的"高度"标签

图 12-37　绘制控制"半径"的参照平面

图 12-38　边界线一端与参照平面对齐

图 12-39　边界线一端与参照平面对齐后锁定位置

Q&A:

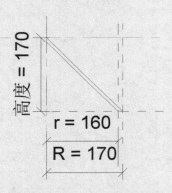

图 12-40　灯"高度"和"半径"的参数设置

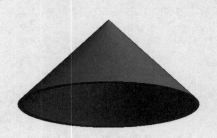

图 12-41　灯的三维效果

任务三　创建融合形状

使用"融合"命令可以把两个平行面上不同形状的端面进行融合建模（图 12-42）。下面详细介绍使用"融合"创建族三维模型的方法特点和操作步骤。

【实例 12-3】使用"融合"创建族模型

①内建模型。除了以可载入族的方式新建族文件，我们还可以在项目中内建族，这种方法也称构建集。通常先绘制进行定位的参照平面（图 12-43），然后单击"建筑"选项卡下"构建"面板中的"构件"命令按钮，选择下拉菜单中的"内建模型"，打开族编辑器（图 12-44）。

②定义族类别。根据所创建模型的性质选择族类别，本例中选择"常规模型"，默认命名为"常规模型 1"（图 12-45、图 12-46）。

③绘制底部边界。单击"创建"选项卡下"形状"面板中的"融合"打开"修改｜创建融合底部边界"关联选项卡（图 12-47），同

图 12-42　融合

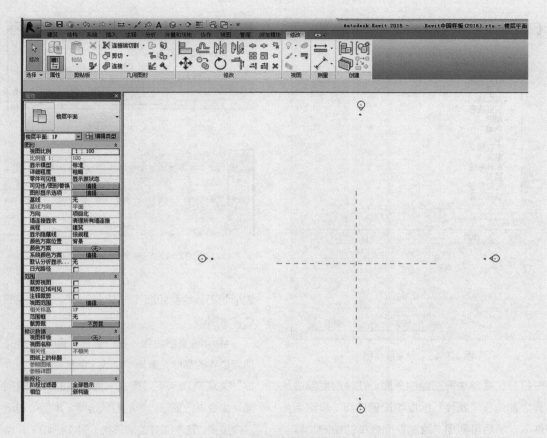

图 12-43　绘制参照平面

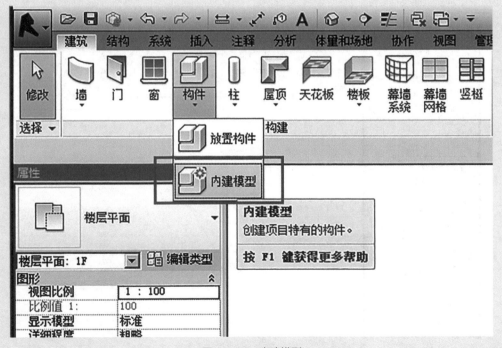

图 12-44　内建模型

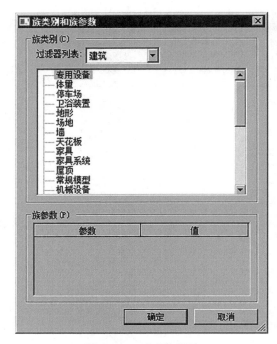

图 12-45　定义族类别

图 12-46　命名

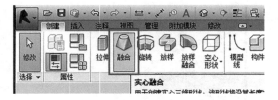

图 12-47　执行"融合"命令

时打开了底部边界的绘制界面。在绘制底部边界之前先在"属性"面板中设置标高"限制条件"，然后可利用"绘制"面板中的绘制工具根据需求绘制底部形状，本例中利用"内接多边形"工具绘制如图 12-48 的形状，完成底部边界绘制。

④绘制顶部边界。在"属性"面板中定义顶部边界的高度，选择"修改 | 创建融合底部边界"关联选项卡下"模式"面板中的"编辑顶部"命令进行顶部边界的形状绘制，本例中利用"内接多边形"工具绘制形状（图 12-49），点击 ✔ 按钮完成顶部边界绘制（图 12-50）。

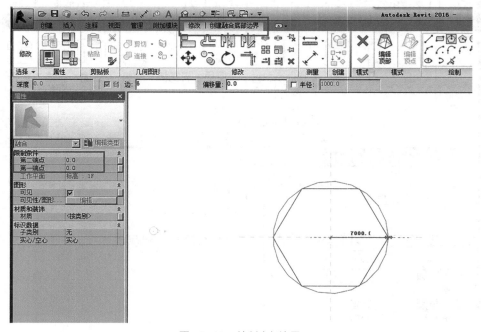

图 12-48　绘制底部边界

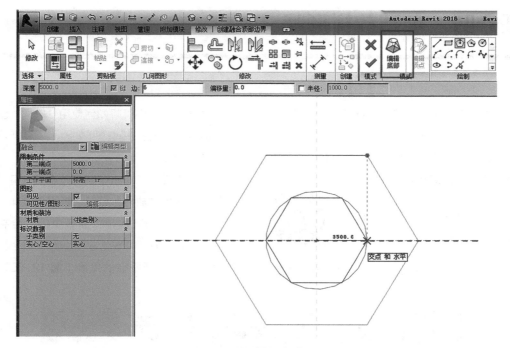

图 12-49 绘制顶部边界

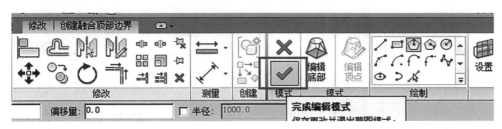

图 12-50 完成顶部边界绘制

图 12-51 完成融合模型的创建

⑤完成融合创建。单击"修改│创建融合底部边界"关联选项卡下"模式"面板中的 ✔ 按钮完成融合模型底部边界的绘制，然后点击"修改│融合"关联选项卡下"在位编辑器"面板中的 **完成模型** 按钮完成融合模型的创建（图 12-51），效果如图 12-52 所示。

图 12-52 融合三维效果

任务四　创建放样形状

　　"放样"命令可用于创建沿指定路径以绘制好的轮廓形状进行拉伸所创建的模型（图12-53）。下面详细介绍使用"放样"创建族三维模型的方法特点和操作步骤。

【实例12-4】使用"放样"创建"柱顶饰条"模型

　　此处以全国第三期BIM技能一级考试的

"柱顶饰条"为例讲解如何使用"放样"创建"柱顶饰条"模型，模型图纸如图12-54所示。

　　①内建族。

　　②绘制路径。单击"创建"选项卡下"形状"面板中的"放样"打开"修改 | 放样"关联选项卡，执行"放样"面板中的"绘制路径"命令，打开"修改 | 放样 > 绘制路径"关联选项卡并进行路径的绘制（图12-55、图

图 12-53　创建放样

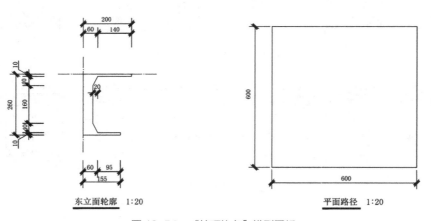

东立面轮廓　1:20　　　　　　　平面路径　1:20

图 12-54　"柱顶饰条"模型图纸

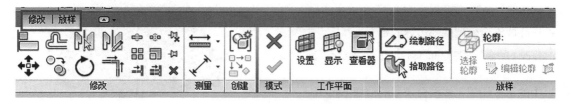

图 12-55　"绘制路径"工具

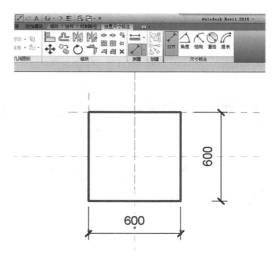

图 12-56　完成路径绘制

12-56）。

③编辑轮廓。在"放样"面板中单击"编辑轮廓"打开"转到视图"对话框，选择立面视图以创建轮廓（图 12-57、图 12-58）。

图 12-57　编辑轮廓

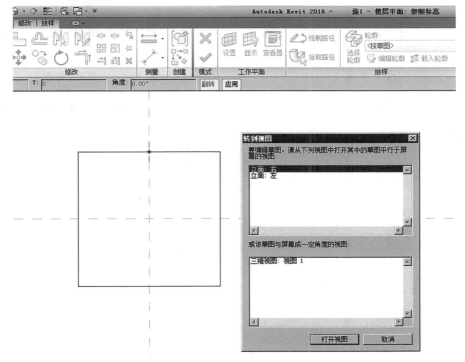

图 12-58　"转到视图"对话框

单击"立面：右"进入"修改 | 放样 > 编辑轮廓"关联选项卡，使用"绘制"面板中的工具绘制轮廓（图 12-59、图 12-60）。

④单击✔按钮完成轮廓绘制，再次单击✔按钮完成放样，效果如图 12-61 所示。

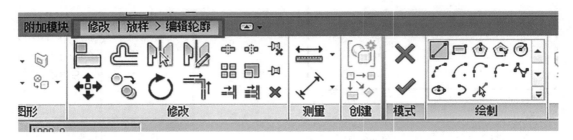

图 12-59　"修改 | 放样 > 编辑轮廓"关联选项卡

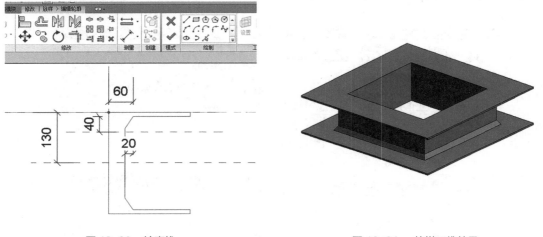

图 12-60　轮廓线

图 12-61　放样三维效果

Q&A:

项目十三　体量模型设计

知识目标

①了解体量的概念及相关术语。

②掌握体量族界面的构成及功能。

③掌握可载入体量与内建体量的创建方法。

能力目标

灵活利用工作平面、模型线、参照线、参照点工具创建体量族文件。

项目情景

体量是族的一种，与前述构件族的区别是体量可用于创建复杂的实体模型和面模型，可通过使用有理化图案或者嵌套的智能子构件分割表面进行复杂模型设计，通常体量族不需要像构件族一样设置很多的控制参数。本章详细介绍了体量族文件的创建方法及注意事项等。

本章介绍的体量族文件分为可载入体量族文件和内建体量族文件两种。可载入体量族文件是在项目外部以体量样板创建的可存为 .rfa 格式的文件，可多次载入项目中使用并可在不同项目间传递；内建体量族文件多用于创建项目中特有的几何形状，不可以在不同项目间互相传递。可载入体量的编辑器界面如图 13-1 所示，内建体量的编辑器界面如图 13-2 所示。

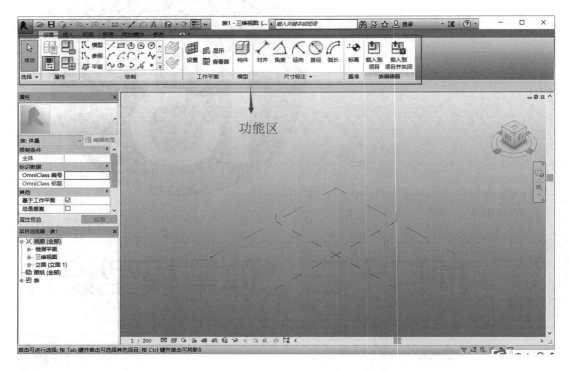

图 13-1　可载入体量的编辑器界面

图 13-2　内建体量的编辑器界面

任务一 创建概念体量

概念体量是在项目外部创建的可以保存为 .rfa 格式的可载入体量，可以在不同的项目之间传递，通常用来创建体量较大、形状复杂的模型。可载入体量的创建是指根据在不同工作平面上绘制的模型线、参照线、参照点等，通过创建"实心形状"和"空心形状"来创建三维体量模型，概念体量的编辑器界面如图 13-3 所示。下面介绍使用"概念体量"创建体量模型的方法特点和操作步骤。

【实例 13-1】使用"概念体量"创建"杯形基础"体量模型

在建模之前要根据模型的几何形状进行建模构思，确定所需标高、参照平面、模型轮廓形状以及实心建模和空心建模的组合方式。此处以全国第三期 BIM 技能一级考试的"杯形基础"为例讲解概念体量的创建方法，模型图纸如图 13-4 所示。

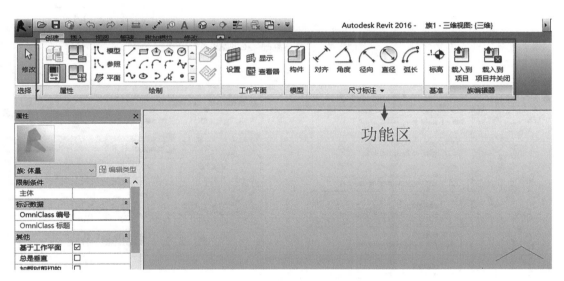

图 13-3　概念体量的编辑器界面

Q&A:

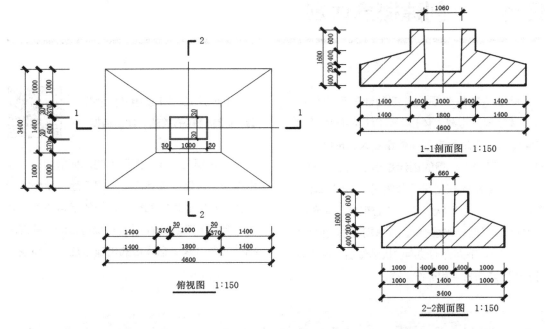

图 13-4 "杯形基础"模型图纸

图 13-5 新建概念体量

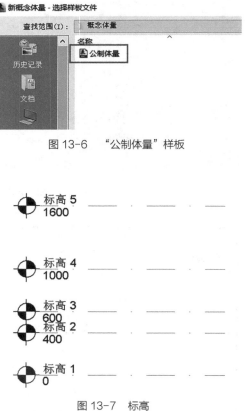

图 13-6 "公制体量"样板

①单击"应用程序菜单"按钮 ![按钮],选择"新建→概念体量",弹出"新概念体量 - 选择样板文件"对话框,选择"公制体量"样板,点击"确定"进入概念体量编辑界面,默认打开三维视图(图 13-5、图 13-6)。

②建立标高。打开任一立面视图,根据剖面图建立标高系统(图 13-7)。

图 13-7 标高

③绘制"模型线""参照平面"。打开"标高 1"楼层平面，执行"创建"选项卡下"绘制"面板中的"模型线"命令，以中心参照线的交点为形体中心绘制杯形基础底面轮廓（图 13-8）。打开"标高 2"楼层平面，以"绘制"面板中"拾取线"的命令快速创建标高 2 的基础轮廓线，再依次创建"标高 3""标高 4""标高 5"的轮廓（图 13-9~图 13-12）。

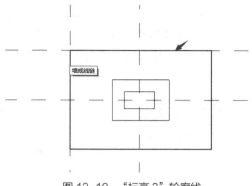

图 13-10　"标高 3"轮廓线

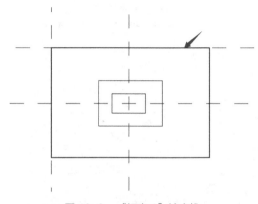

图 13-8　"标高 1"轮廓线

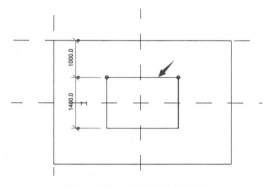

图 13-11　"标高 4"轮廓线

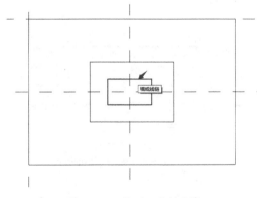

图 13-9　"标高 2"轮廓线

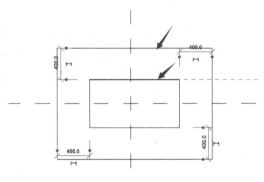

图 13-12　"标高 5"轮廓线

Q&A:

④创建模型。切换至三维视图，选择需要创建模型的两条轮廓线创建"实心形状"或"空心形状"。利用"Ctrl"键分别选中相邻模型的两条轮廓线创建"实心形状"（图13-13～图13-15）。此时，用来创建"空心形状"的轮廓线被实心模型覆盖，所以调整"视

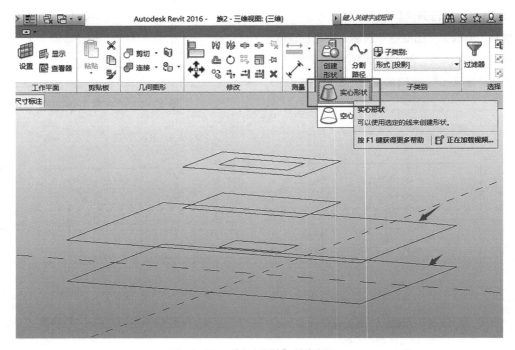

图 13-13　"实心形状"创建步骤一

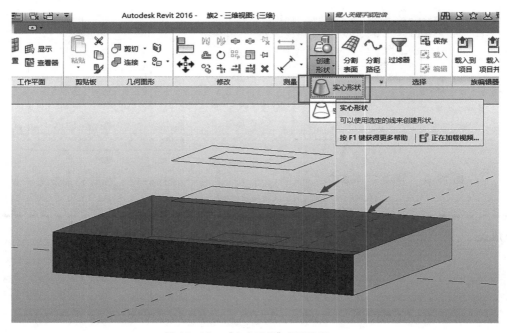

图 13-14　"实心形状"创建步骤二

觉样式"为"线框",将内部轮廓线显示出来。利用"Ctrl"键选中空心模型的轮廓线创建"空心形状"（图 13-16）。最终三维效果如图 13-17 所示。

⑤保存文件。

概念体量是族文件的一种，可另存为 .rfa

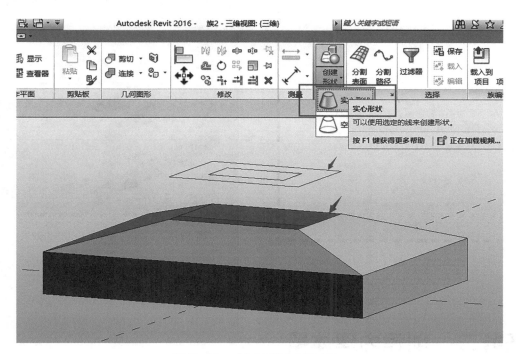

图 13-15　"实心形状"创建步骤三

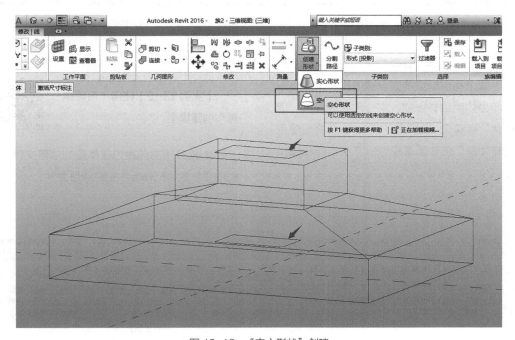

图 13-16　"空心形状"创建

Q&A:

格式的族文件，在不同项目间传递使用。本例中的模型因未设置可驱动参数，所以尺寸是唯一的。我们可对模型添加标签从而进行参数驱动，在此不再演示，可参照项目十二这一章中添加标签设置参数的方法。

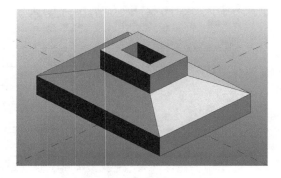

图 13-17 　"杯形基础"模型三维效果

任务二　创建内建体量

体量的创建需要选择合适的工作平面，在工作平面上利用模型线或者参照线、参照点等工具作为体量边界创建"实心形状"或者"空心形状"来实现（图 13-18）。下面介绍使用"内建体量"创建体量模型的方法特点和操作步骤。

【实例 13-2】使用"内建体量"创建模型

①打开所需创建内建体量的项目文件。本例中要新建建筑样板的空白项目文件。

图 13-18 　内建体量的工具

图 13-19 体量与场地

②进入内建体量编辑器。单击"体量和场地"选项卡下"概念体量"面板中的"内建体量",给体量命名后进入内建体量编辑器界面（图 13-19～图 13-21）。

③选择工作平面。在"绘制"面板中选择"模型线"或"参照"绘制轮廓，打开内建体量族编辑器界面后默认进入"标高 1"楼层平面（图 13-22），这里默认使用"标高 1"工作平面绘制模型线，如需更改标高，可在项目浏览器中选择相应标高，或者在"创建"选项卡下的"工作平面"面板中单击"设置"进行工作平面的选择。工作平面的选择方法有三种，分别是根据"名称""拾取一个平面""拾取线并使用绘制该线的工作平面"指定（图 13-23）。

名称　　　　　　　　　　　×

名称(N): 体量 1

确定　　　　取消

图 13-20 给体量命名

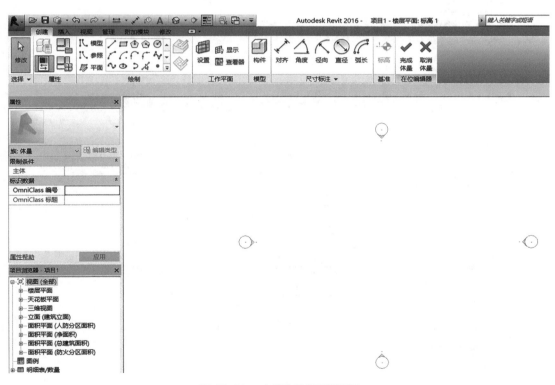

图 13-21 内建体量编辑器界面

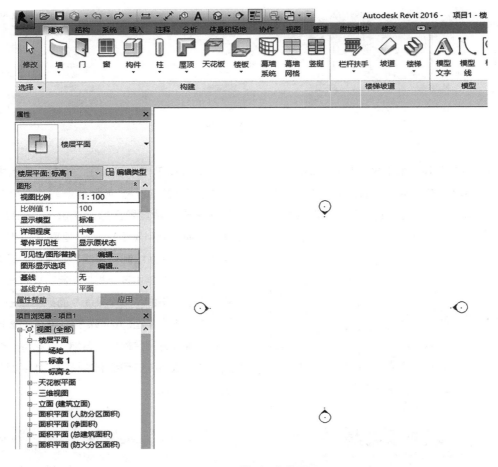

图 13-22 "标高 1"楼层平面

图 13-23 设置工作平面

④绘制模型线或参照。首先绘制两个参照平面定义模型的平面中心位置，然后在"标高1"和"标高2"两个工作平面中分别绘制模型底部和顶部的轮廓形状（图13-24~图13-26）。

⑤创建形状。在三维视图中利用"Ctrl"键选中底部及顶部轮廓，单击"修改｜线"关联选项卡，单击"形状"面板中的"创建形状"命令按钮，在下拉菜单中选择"实心形状"（图13-27），创建后的三维效果如图13-28所示。

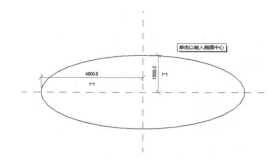

图 13-25　底部轮廓

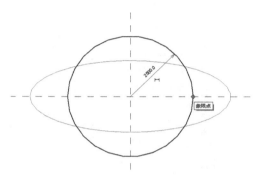

图 13-26　顶部轮廓

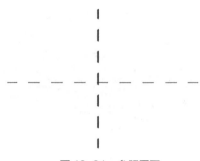

图 13-24　参照平面

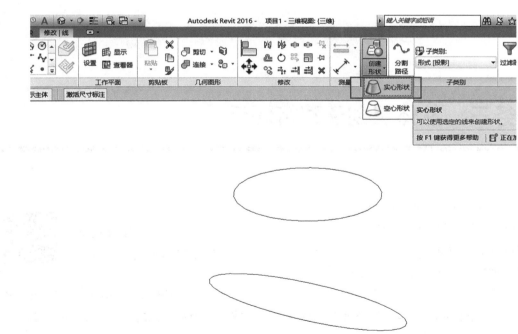

图 13-27　选择"实心形状"

⑥修改高度。与"融合"命令不同的是，这一操作中"属性"面板里没有"第一端点"和"第二端点"的标高设置命令。我们可以切换至三维视图中设置标高，首先利用"Tab"键选中顶部平面，当出现高度尺寸标注时，修改为模型所需尺寸（图13-29），最终三维效果如图13-30所示。最后单击"修改"选项卡下"在位编辑器"面板中的 ✓ 完成模型 按钮，完成内建体量的创建。

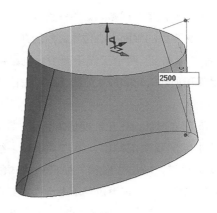

图 13-29　修改高度

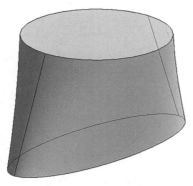

图 13-28　三维效果

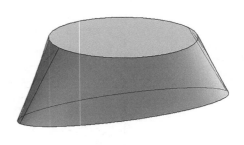

图 13-30　最终三维效果

任务三　从体量创建建筑图元

使用概念体量可以创建外形复杂的模型，还可以创建在项目中使用常规族文件不易实现的建筑图元，其创建方法与概念体量的一样，也是通过在工作平面上利用模型线或者参照线、参照点等工具作为体量边界创建"实心形状"或者"空心形状"来实现。下面介绍使用"概念体量"创建建筑图元的方法特点和操作步骤。

【实例 13-3】使用"概念体量"创建建筑斜墙

此处以全国第二期 BIM 技能一级考试中的"斜墙"为例讲解使用"概念体量"创建建筑图元的方法，模型图纸如图 13-31 所示。

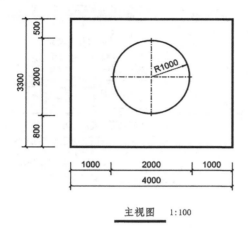

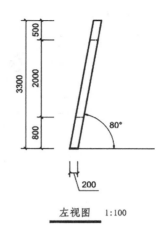

主视图 1:100

左视图 1:100

图 13-31 "斜墙"模型图纸

①单击"应用程序菜单"按钮 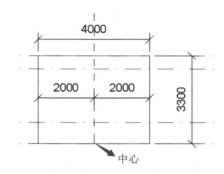，选择"新建→概念体量"。

②建立标高。打开任一立面视图，根据剖面图建立标高体系（图 13-32）。

标高 4
3300

标高 3
2800

标高 2
800

标高 1
0

图 13-32 标高体系

图 13-33 东立面视图"实心形状"模型线

③绘制"模型线"，创建"实心形状"。打开东立面视图，执行"创建→绘制→模型线"命令，绘制轮廓模型线（图 13-33），创建"实心形状"（图 13-34、图 13-35）。

Q&A:

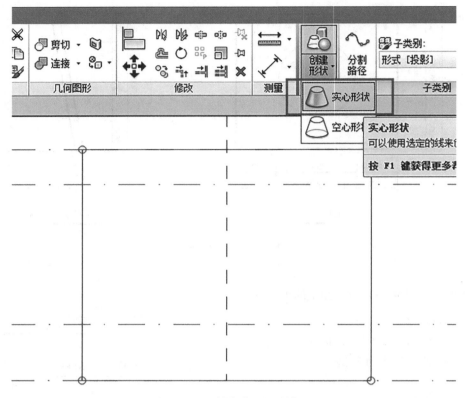

图 13-34 创建"实心形状"

④绘制"模型线",创建斜墙中心圆"空心形状"。打开西立面视图,执行"创建→绘制→模型线"命令,绘制空心圆轮廓模型线(图 13-36),创建"空心形状"(图 13-37、图 13-38)。

⑤拉伸"空心形状"。转到三维视图,切换"视觉样式"为"线框"模式,选中圆的边缘线,当出现拉伸符号时通过拖动拉伸箭头拉伸空心形状(图 13-39~ 图 13-41)。

⑥绘制"模型线",创建"空心形状"。打开南立面视图,执行"创建→绘制→模型线"命令,绘制"空心形状"轮廓模型线(图

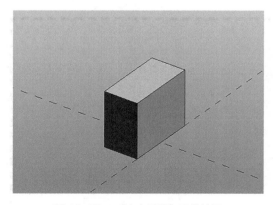

图 13-35 "实心形状"三维效果

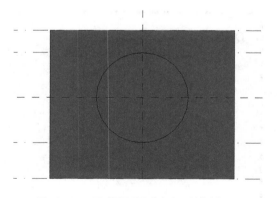

图 13-36 西立面视图"空心形状"模型线

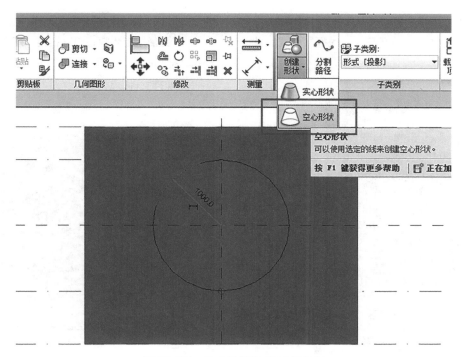

图 13-37　空心圆创建"空心形状"

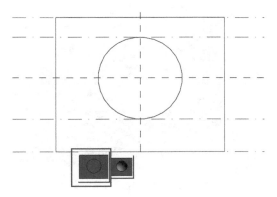

图 13-38　选择"空心形状"模式

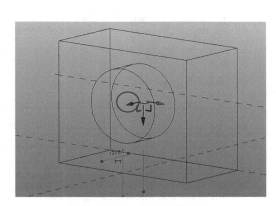

图 13-40　拖动拉伸箭头

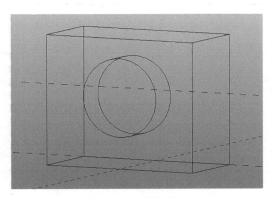

图 13-39　线框样式

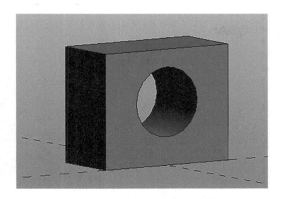

图 13-41　"空心形状"三维效果

13-42），创建"空心形状"（图13-43）。
单击"视觉样式"，调整为"线框"模式，拉
伸空心形状（图13-44~图13-46）。

⑦重复以上步骤，绘制右侧"模型线"，
创建"空心形状"（图13-47~图13-49）。

⑧保存文件。

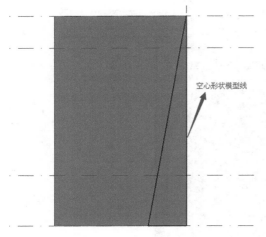

图 13-42　南立面视图"空心形状"模型线

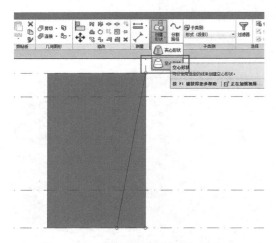

图 13-43　创建南立面视图"空心形状"

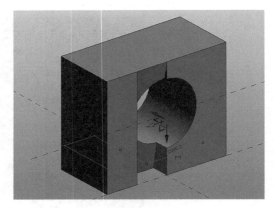

图 13-44　拉伸"空心形状"步骤一

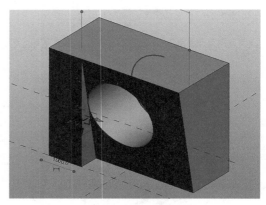

图 13-45　拉伸"空心形状"步骤二

Q&A:

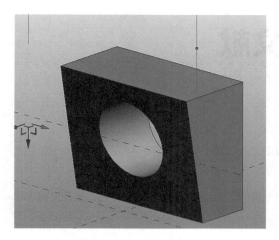

图 13-46　"空心形状"拉伸效果

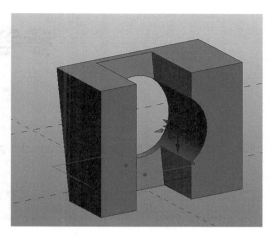

图 13-48　拉伸右侧"空心形状"

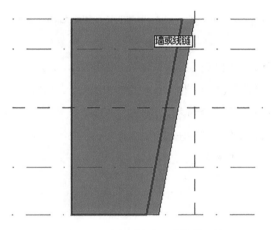

图 13-47　右侧"空心形状"模型线

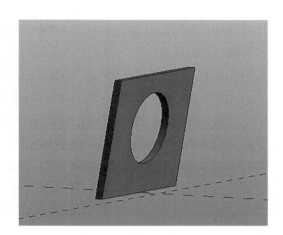

图 13-49　最终拉伸效果

Q&A:

参考文献

[1] 王君峰，陈晓，等 . Autodesk Revit 土建应用之入门篇 [M] . 北京：中国水利水电出版社，2013.

[2] 冯永涛，史超木 . BIM 应用基础：Revit 建筑模型设计：Revit 2014 [M] . 上海：上海交通大学出版社，2017.

[3] BIM 工程技术人员专业技能培训用书编委会 . BIM 建模应用技术 [M] . 北京：中国建筑工业出版社，2016.

[4] 高华，施秀凤，丁丽丽 . BIM 应用教程：Revit Architecture 2016 [M] . 武汉：华中科技大学出版社，2017.

[5] 刘云平，罗贵仁 . BIM 软件之 Revit2018 基础操作教程 [M] . 北京：化学工业出版社，2018.

[6] 何凤，梁瑛 . Revit 2016 中文版建筑设计从入门到精通 [M] . 北京：人民邮电出版社，2017.

[7] 薛菁 . 全国 BIM 技能等级考试通关宝典 [M] . 西安：西安交通大学出版社，2017.

[8] 胡煜超 . Revit 建筑建模与室内设计基础 [M] . 北京：机械工业出版社，2017.

[9] 李鑫 . Revit 2016 完全自学教程 [M] . 北京：人民邮电出版社，2016.

后 记

本书较全面、系统地介绍了 BIM 建模及设计的内容，以图文并茂的方式，结合视频操作，生动讲述了 Revit 软件的基本操作、建模与设计应用等知识，紧跟时代和行业发展需求。全书以实际案例讲解为主，从实际工程出发编写，易于理解，实用性强，完全符合教学者及自学者需求。

在编写过程中，本书编者遵循职业教育的教学规律，不断积累专业教学资源，体现"教、学、做"一体化的教学方法，坚持课程教学与岗位需求相结合，力求做到专业设置与产业需求衔接、课程内容与职业标准衔接、教学过程与生产过程衔接，突出学生的动手能力及项目操作能力的培养，激发学生自主学习、努力探究的积极性及团队合作精神。

《BIM 建模与设计》是团队合作的成果，是学院教师和企业技术人员的智慧结晶，是校企合作编写的一本教材。全书由胡小玲进行整体设计、分工组织和统筹安排，由郭杨、陈萍协助修改完善。各章节编写分工如下：项目一、项目二由张黎（广西农业职业技术学院）、刘继焜（广西农业职业技术学院）编写；项目三、项目十一由陈萍（广西电力职业技术学院）、陆世岩（广西电力职业技术学院）、吕龙波（广西电力职业技术学院）编写；项目四、项目五由胡小玲（广西电力职业技术学院）编写；项目六由胡瑛莉（广西工业职业技术学院）编写；项目七、项目八由黄蘡墙（广西机电职业技术学院）编写；项目九、项目十由郭杨（南宁职业技术学院）编写；项目十二、项目十三由武焕焕（广西职业技术学院）编写。在此，非常感谢以上团队成员的努力。

本书同时得到了湖南大学出版社设计艺术分社胡建华社长、贾志萍编辑的大力支持，在此表示衷心的感谢。

由于时间仓促，收集整理的资料不够完善，书中难免出现一些错误，编者恳请各位同行、专家和广大读者批评指正。

胡小玲

2019 年 12 月